Science Popularization of Advanced Materials in China:

Annual Report (2022)

中国新材料
科学普及报告

—— 走近前沿新材料 4

中国工程院化工、冶金与材料工程学部
中国材料研究学会 ———— 组织编写

U0353873

化学工业出版社
·北京·

内 容 简 介

　　新材料产业是制造强国的基础，是高新技术产业发展的基石和先导。为了普及材料知识，吸引青少年投身于材料研究，促使我国关键材料"卡脖子"问题尽快得到解决，本书甄选部分对我国发展至关重要的新材料进行介绍。书中涵盖了量子材料、荧光材料、超导材料、二维材料、拓扑磁结构材料、新型纳米材料等前沿新材料。全书所选内容既有我国已经取得的一批革命性技术成果，也有国际前沿材料、先进材料的研究成果，以期推动我国材料研究和产业快速发展。

　　书中对每一种材料都深入浅出地阐释了源起、范畴、定义和应用领域，全彩印刷，图文并茂，可为广大读者特别是中小学生更好地学习和了解前沿新材料提供参考。

图书在版编目（CIP）数据

　　中国新材料科学普及报告.2022.走近前沿新材料.4/中国工程院化工、冶金与材料工程学部，中国材料研究学会组织编写.—北京：化学工业出版社，2023.7

　　ISBN 978-7-122-43563-7

　　Ⅰ.①中… Ⅱ.①中… ②中… Ⅲ.①新材料应用-研究报告-中国 Ⅳ.①TB3

　　中国国家版本馆CIP数据核字（2023）第093598号

责任编辑：刘丽宏	文字编辑：吴开亮
责任校对：张茜越	装帧设计：王晓宇

出版发行：化学工业出版社（北京市东城区青年湖南街 13 号　邮政编码 100011）
印　　装：天津图文方嘉印刷有限公司
787mm×1092mm　1/16　印张 14　字数 301 千字　　2023 年 10 月北京第 1 版第 1 次印刷

购书咨询：010-64518888　　　　　　　　　　　　　售后服务：010-64518899
网　　址：http://www.cip.com.cn
凡购买本书，如有缺损质量问题，本社销售中心负责调换。

定　　价：108.00 元

《中国新材料科学普及报告（2022）》
—— 编 委 会 ——

总 序

当今，面对更趋复杂严峻的国际环境和战略格局，关键战略性新兴材料日益成为我国产业链安全的重大风险领域，也是我国迈向高水平科技自立自强的关键所在。关键战略性新兴材料包括高端装备特种合金、高性能纤维及复合材料、新能源材料、新型半导体材料、高性能分离膜材料、新一代生物医用材料以及生物基材料等，它们涉及航空航天、国防军工、信息技术、海洋工程、轨道交通、节能环保、生命健康等重大战略领域。

《中国新材料研究前沿报告》《中国新材料产业发展报告》《中国新材料技术应用报告》《中国新材料科学普及报告——走近前沿新材料》系列新材料品牌战略咨询报告与科学普及图书由中国工程院化工、冶金与材料工程学部、中国材料研究学会共同组织编写，由中国材料研究学会新材料发展战略研究院组织实施。以上四本报告秉承"材料强国"的产业发展使命，立足于新材料全产业链发展，涉及研究前沿、产业发展、技术应用和科学普及四大维度，每年面向社会公开出版。其中，《中国新材料研究前沿报告》的主要任务是关注对行业发展可能产生重大影响的原创技术、关键战略材料领域基础研究进展和新材料创新能力建设，梳理出发展过程中面临的问题，并提出应对策略和指导性发展建议；《中国新材料产业发展报告》的主要任务是关注先进基础材料、关键战略材料和前沿新材料的产业化问题和行业支撑保障能力的建设问题，提出发展思路和解决方案；《中国新材料技术应用报告》主要侧重于关注新材料在基础工业领域、关键战略产业领域和新兴产业领域中应用化、集成化问题以及新材料应用体系建设问题，提出解决方案和政策建议；《中国新材料科学普及报告——走近前沿新材料》旨在将新材料领域不断涌现的新概念、新技术、新知识、新理论以科普的方式向广大科技工作者、青年学生、机关干部普及，使新材料更快、更好地服务于经济建设。以上四部著作的编写以国家重大需求为导向，以重点领域为着眼点开展工作，对涉及的具体行业，原则上每隔2～4年进行循环发布，这期间的动态调研与研究将持续密切关注行业新动向、新业势、新模式，及时向广大读者报告新进展、新趋势、新问题和新建议。

2022年，新材料领域的战略地位更加重要，相关产业布局持续加码。在信息技术的驱动下，新材料研发与创新的发展不断加速；材料微观结构与宏观性能之间的基础理论取得突破，结合极限条件下制备加工技术的进步，推动新型高性能材料不断涌现，助力新功能器件向高品质方向发展。本期公开出版的四部咨询报告分别是《中国新材料研究前沿报告（2022）》《中国新材料产业发展报告（2022）》《中国新材料技术应用报告（2022）》《中国新材料科学普及报告（2022）——走近前沿新材料4》，这四部著作得到了中国工程院重大咨询项目《关键战略材料研发与产业发展路径研究》《新材料前沿技术及科普发展战略研究》《新材料研发与产业强国战略研究》和《先进材料工程科技未来20年发展战略研究》等的支持。在此，我们对今年参与这项工作的专家们的辛苦工作致以诚挚的谢意！希望我们不断总结经验，不断提升战略研究水平，更加有力地为中国新材料发展做好战略保障与支持。

以上四部著作可以服务于我国广大材料科技工作者、工程技术人员、青年学生、政府相关部门人员，对于书中存在的不足之处，望社会各界人士不吝批评指正，我们期望每年为读者提供内容更加充实、新颖的高质量、高水平图书。

前 言

　　新材料技术正与机器人技术、量子信息技术、扩展现实等新科学工程一起，重塑新工业革命。材料的演变历史也见证了人类社会技术与文明的发展进程：如从第一个晶体管问世，到目前通用人工智能已具备自主意识，能够学习人类的智慧，有望模仿学会人类的行为方式，甚至思维方式。不断涌现的二维材料、类脑芯片等新材料、新技术、新知识、新理论和新概念，正服务于高新技术产业的迅猛发展。

　　新材料得到了日新月异的蓬勃发展，呈现出材料与器件一体化、结构与功能复合化，以及多学科交叉、多技术融合、绿色低碳和智能化等发展趋势，材料领域新理论、新概念、新知识、新技术层出不穷，新材料产业不断发展壮大，新材料应用技术研究不断深入。然而，社会各界对于新材料的认知速度远远跟不上新材料的发展速度，《中国新材料科学普及报告（2022）——走近前沿新材料4》（以下简称《报告》）系列科普读物旨在提升工程技术人员、科技工作者、政府决策人员、青年学生等群体对新材料的认知，提升研究开发、技术应用以及政府决策过程中对新材料及技术的考量，对促使新材料更快、更好地服务于经济建设和社会发展具有重要的意义。

　　《报告》是中国材料研究学会在承担中国工程院重大战略咨询项目《关键战略材料研发与产业发展路径研究》所取得的研究成果的基础上完成的出版物，是继2019年《走近前沿新材料1》、2020年《走近前沿新材料2》、2021年《走近前沿新材料3》之后的又一部关于前沿新材料的科普作品。在以中国工程院重大战略咨询项目《关键战略材料研发与产业发展路径研究》成果为基础编写的四本出版物中，《报告》是唯一的科普作品，经过编委们的共同努力，2022年度材料领域新理论、新概念、新知识、新技术以及新探索与发现，将凝练到这本科普读物中。

　　本书的内容包括拓扑量子材料、荧光材料、超导材料、二维材料、拓扑磁结构材料、新型纳米材料等新材料。金刚石可否揽芯片活，再创钻石般的辉煌？夜月昼星之夜明珠，为什么会发光？走近荧光材料可知晓其中奥秘。山河咆哮、大海吟唱，气泡如何发声成为气泡声波超材料？拓扑量子物理学方兴未艾，更稳定的材料体系未来可期。从神秘到科学的千年之旅，笼目材料可否再续前缘？二维材料类脑器件又是如何创造ChatGPT人类思维的？再看磁麦韧的磁结构如何成就自旋电子学。谁料到氧化镓出生即巅峰？高温高熵软磁合金，非晶演变成的纳米晶？还有非晶合金之金属玻璃。交叉科学涌现了什么活性物质？超导材料为有机半导体掺杂的万水千山？以及双眸探索微观世界。

《报告》各章作者都是活跃在新材料研究、制造、应用领域的优秀科学家、教育家、工程师。感谢各位作者，用思想的火花点亮智慧之光，引领读者进入神奇的新材料世界。

特别感谢参与本书编写的所有作者：

- 锂——21世纪能源金属　郑奕伯　王　霞
- 走近荧光材料　莫尊理　杨丽婷
- 气泡声波超材料　黄占东　宋延林
- 拓扑量子材料　冯　硝　徐　勇　何　珂　薛其坤
- 笼目材料——从神秘到科学的千年之旅　杨天宇　邓翰宾　殷嘉鑫
- 二维材料类脑器件　王　爽　梁世军　缪　峰
- 拓扑磁结构材料——从磁作用到下一代计算存储器件　杨洪新　尕永龙　王黎明　于东星等
- 氧化镓能改变世界吗　付　斌
- 高性能软磁合金　王　清　王镇华　董　闯
- 玻璃家族的新成员——金属玻璃　吴　渊　刘雄军　吕昭平
- 拓扑绝缘体与反铁磁的美妙邂逅　宋　成　白　桦　陈贤哲　寇煦丰　潘　峰
- 活性物质——涌现于交叉科学的新方向　张何朋　施夏清　杨明成
- 超导材料　罗会仟
- 碳点——新型纳米材料　屠焰钰　李　硕　邹国强　侯红帅　纪效波
- 有机半导体掺杂的万水千山　张天恺　王　锋　高　峰
- 3D打印碳化硅陶瓷材料　殷　杰　黄政仁
- 金刚石能搅芯片活吗　付　斌
- 量能器——探索微观世界的眼睛　刘　勇　吕军光　苑超辰　张华桥

新材料是现代高新技术、新兴产业的基础和先导，新材料是人类文明的基石，希望通过本书的传播，更好地构筑我国新材料领域的基础，为今后几十年我国材料领域的发展贡献一份力量。希望《中国新材料科学普及报告（2022）——走近前沿新材料4》能为广大读者提供有益的参考。

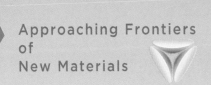

Approaching Frontiers
of
New Materials

目 录

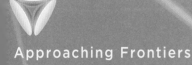

Approaching Frontiers
of
New Materials

第1章

锂——21世纪能源金属

郑奕伯　王　霞

锂作为化学元素周期表中的第三号元素，是当前发现的最轻的金属元素，室温下金属锂的密度为 $0.534g/cm^3$，只有水的 1/2 左右，因而可以浮在石蜡表面（图1-1）。

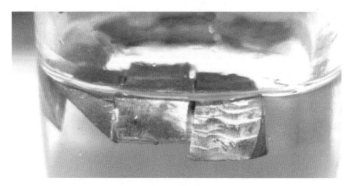

图1-1　锂浮在石蜡表面[1]

含锂矿主要以锂辉石、锂云母等矿石形式存在，在地壳中质量分数约为 0.0065%。锂被发现的时间晚于钾和钠，且较长时间内制备锂单质的技术成本高昂，因而从发现锂元素到可以工业制备锂单质间隔了数十年[1]。起初，锂的工业应用范围较窄，仅有部分锂的化合物应用在如玻璃陶瓷等少数工业生产领域。近年来，随着锂电池的大量应用和飞速发展以及锂在核电站中的作用被发掘，锂有了"21世纪能源金属"的美誉，在生产生活中的应用也越来越广泛。

1.1　锂的主要应用领域

作为21世纪的重要能源金属，锂在储能、产能和节能等诸多领域都有着广泛且影响深远的应用。例如，在储能领域，20世纪以来锂电池储能技术不断革新，锂电池的能量密度变得更大，循环寿命变得更长，使用时的安全可靠性变得更高，锂在电池领域的发展潜力得以被快速激发。在产能领域，自20世纪人类开始研究氢弹以来，作为能源金属的锂就在核聚变反应中发挥着不可或缺的作用，通过中子轰击来产生氚进而和氘实现核聚变反应，氟化锂被用作核反应堆的堆芯。在节能领域，在陶瓷工业中，向陶瓷原料中加入少量锂辉石可以降低烧成温度，实现节能减排。

1.1.1　锂在储能领域的应用

（1）锂电池的发展概况　锂电池种类丰富，各具特色，科研工作者对电池优异性能的孜孜追求，推动着锂电池行业工艺技术持续革新。自1912年 Gilbert N. Lewis 提出了锂电池相关理论至今，锂电池的发展经历了锂一次电池（锂原电池）和锂二次电池（锂可充电电池）的不同种类的多个研究阶段。20世纪70年代，经过一定发展的锂原电池由军事应用拓展为民用。为了保护环境、减少电池废料的产生，锂二次电池的研究也开始受到关注[2]。锂二次电池研究起步阶段，科学家们聚焦在金属锂直接作为电池负极的锂二次电池。20世纪80年代，在锂二次电池的开发和应用过程中，研究人员发现锂枝晶等问题会导致电池充电过程完成度和效率降低，与此同时，发现电极和电解质溶液之间接触的界面是影响电池工作性能的关键因素[2]。这些发现使研究人员对原先的锂二次电池提出了改进方案：用其他含锂化合物代替金属锂作为电池负极；用凝胶或固体电解液代替原有液态电解液。这两种改进方案均被证实是有效的方案，并且分别促成了对锂离子电池和锂聚合物电池的开发和研究。又经过了二三十年的发展，锂离子电池逐步形成了多个颇具竞争力的电池品种，且未来仍有科技突破及创新的空间。在当前储能领域被密切关注的情况下，锂离子电池被赋予了巨大希望和期盼。

（2）锂离子电池的主要品种及性能　不同于常规的可充电化学电池，锂离子电池在充放电过程中存在Li^+在正负（阴阳）两极之间的电化学嵌入和脱嵌反应，进而使Li^+在两极之间来回移动（图1-2）。这个特性使锂离子电池又被形象地称为"摇椅式电池"。锂离子电池的循环寿命比铅酸电池等可充电化学电池有显著提高。同时，由于锂离子来回移动的过程未破坏电极晶格结构，电池反应可逆性得以改善，而当加大充电电流时，锂离子在两极中的快速移动可以更好地实现快速充电[2]。应用于兆瓦级储能领域的锂离子电池主要有三种：磷酸铁锂离子电池、钛酸锂离子电池和三元锂离子电池。

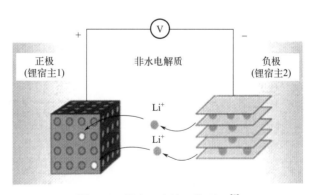

图1-2　锂离子电池工作原理[2]

磷酸铁锂离子电池的正极磷酸铁锂材料价格低廉，来源广泛，且工作电压大，能量密度大，热稳定性好，高温性能好，热峰值可达$350 \sim 500℃$，工作温度范围广。磷酸铁锂离子电池多用于大规模电能储存，产业链发展较为完善[3]。但是，在制备烧结磷酸铁锂过程中，氧化铁可能会被还原性气氛还原成铁单质，进而造成电池的微短路。

钛酸锂离子电池是用钛酸锂材料作为电池负极制成的新型锂离子电池。钛酸锂离子电池具有安全性高、使用寿命长和环保的明显优势。负极钛酸锂材料与石墨相比有更高的离子扩散系数，可以实现更高倍率、更快速度的充放电。但是，相比于磷酸铁锂离子电池，钛酸锂离子电池能量密度较低且制作工艺较为复杂；同时钛酸锂材料作为负极时可能在电池循环充放电过程中出现电极和电解液相互作用导致有气体析出的情况，出现"胀气"现象，进而影响其正常工作性能。普通钛酸锂离子电池充电循环1500～2000次就可能出现"胀气"现象。

三元锂离子电池通常是指正极材料为镍钴锰三元聚合物的二次锂离子电池，结合了镍酸锂、钴酸锂和锰酸锂三类材料的特点。与磷酸铁锂离子电池相比，三元锂离子电池的能量密度更大、容量更大，且电池的循环性能较好，生产成本较低。但是，三元锂离子电池热稳定性存在不足，在250～300℃容易分解，工作时电池反应剧烈，若氧分子被释放出来，有可能引发爆燃。此外，其生产原料钴是有毒金属，可能造成环境污染等问题。表1-1对比了铅酸蓄电池和三种常用锂离子电池的性能特点[4]。

表1-1　铅酸蓄电池和三种常用锂离子电池的性能特点比较

电池种类	额定电压（单体）/V	能量密度/（W·h/kg）	运行温度/℃	倍率特性
铅酸蓄电池	2.0	30左右	10～25	—
磷酸铁锂离子电池	3.2	90～120，部分大容量单体可达180	充电0～55，放电-20～55	一般最大可达2C
钛酸锂离子电池	2.3	70～100	-50～65	一般最大可达5C
三元锂离子电池	3.7	135～165	-40～60	1～4C

注：C为充放电倍率，为电池额定容量下充放电电流与电池额定容量的比值，充放电倍率大小表示电池充放电速率快慢，两者正相关。

由表1-1可见，三元锂离子电池具有高能量密度的优点，钛酸锂离子电池具有高充放电倍率特性的优点。另外磷酸铁锂离子电池和三元锂离子电池具有成本较低的特点，磷酸铁锂离子电池和钛酸锂离子电池的安全性较高[4]。

1.1.2　锂在产能领域中的应用

核聚变发电是将两个轻核聚合成一个新的原子核来释放原子能并利用的技术。核聚变反应开始阶段需要超高温、超高压条件，在满足这一条件后，氘和氚聚合释放大量能量，同时核聚变反应产物中有中子可以与锂发生反应以提供氚这一核聚变反应原料，从而使反应可以持续进行。例如，可控核聚变领域应用较多的托卡马克装置（图1-3）就是利用磁约束实现可控核聚变[5]，同时通电后利用内部的磁场来加热等离子体以满足核聚变反应的开始条件。

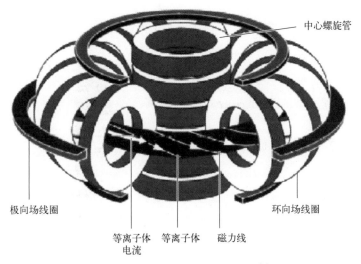

中心螺旋管

极向场线圈

环向场线圈

等离子体　等离子体　磁力线
电流

图1-3　托卡马克装置工作原理[5]

核聚变反应原料之一——氘在海洋中可以较为容易地得到，且每升海水中含有 0.03g 氘[5]，储量丰富。核聚变反应的另一种原料——氚可以利用锂来产生，因而在核聚变反应中，锂扮演着极为重要的角色，是产生聚变原料氚的关键物质，同时在这个过程中，锂又可以被有效回收利用，从而提高核聚变反应的理论可持续进行的年限。自然界中，同位素占比约为7.5%的 ^{6}Li 中子截面比 ^{7}Li 更大[5]，因而在实际反应中通常利用这一特性使 ^{6}Li 与中子反应生成核聚变必要原料氚。方程式如下：

$$^6_3Li + ^1_0n \longrightarrow ^4_2He + T + 4.8MeV$$

生成氚之后，氘和氚反应放出大量能量并形成高温：

$$D + T \longrightarrow ^4_2He + ^1_0n + 17.6MeV$$
$$D + D \longrightarrow T + p + 4.04MeV$$
$$D + D \longrightarrow ^3_2He + ^1_0n + 3.27MeV$$

反应过程中释放大量热量，使中子可以与锂发生反应再产生新的氚用于持续推进聚变反应的进行。每升海水中的 30mg 氘全部用于核聚变反应释放出的能量相当于 300L 汽油燃烧释放出的热量[6]，可见核聚变反应产能效益十分可观。

在核聚变反应中，锂不仅是产生氚的必需品，同时还承担了传输反应热量的关键任务。因为锂的液态工作温度范围大，蒸气压低，所以有助于冷却系统避免出现沸腾或固化等情况。由于锂的比热容大，一般为3550J/（kg·K），而且密度低，因此更适合在循环系统中工作，以减轻泵等设备的工作压力。

上述两方面的作用使锂在热核反应中有着十分重要的地位。美国能源与发展署在关于2030年核聚变用锂量的预测报告中分析指出，将需要1.6万～7.0万吨锂以保证其参与核聚变反应和传导热量两重作用的发挥和实现[5]，由此锂在产能领域的重要性可见一斑。

1.1.3 锂在节能领域的应用

（1）溴化锂的节能贡献 溴化锂是一种白色晶体或颗粒状粉末，溶于水和多种有机溶剂，可用作吸收性制冷剂，在工业生产中用途广泛。通常可以用氢溴酸和氢氧化锂中和反应或氢溴酸溶解碳酸锂等方法结合后续的提纯处理手段来得到溴化锂[7]。

用溴化锂作为吸收剂的吸收式热泵可以有效利用冶金工业废气余热使其作用于发生器，进而作用于蒸发器为冶金生产过程供冷。冶金工业废气余热等低品位热能主要来自对高炉顶气、干熄焦蒸汽和加热炉烟气的回收利用[8]。溴化锂吸收式热泵为冶金生产过程供冷主要包括：对煤气进行降温，提取产品；操作控制系统用冷却传动室和控制室等的降温保证设备系统正常运转；办公和休息区域的供冷需要[8]。单效溴化锂吸收式热泵工作流程如图1-4所示[9]。

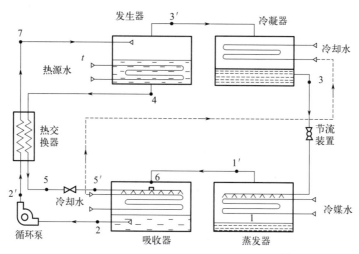

图1-4 单效溴化锂吸收式热泵工作流程[9]

（2）锂辉石的节能应用 锂辉石的化学式为 $Li_2O \cdot Al_2O_3 \cdot 4SiO_2$（8%$Li_2O$），属于富锂花岗岩的特征产物（图1-5）。由于锂辉石中含有的锂离子半径在金属离子中最小，因此化学活性大，可以形成强的熔剂作用[10]，作为添加剂加入产品中能有效提高产品化学稳定性，并降低生产的工作温度，发挥重要的节能作用。在玻璃和陶瓷等生产行业中，锂辉石已经被广泛应用。在陶瓷工业中，作为陶瓷原料的锂辉石加入较少量就可以展现较为明显的熔剂效应，进而可以降低烧成温度，缩短烧成周期，促进生产过程的节能减排；同时，加入锂辉石后形成的β-锂铝硅酸盐固溶体等物质会降低陶瓷整体的线膨胀系数[11]，提高陶瓷成品的抗腐蚀和抗振性能。在玻璃工业中，向生产的一般玻璃里加入氧化锂，其断键作用会起到明显的助熔效果，降低玻璃原本的熔制温度，降低生产能耗，同时改善玻璃品质，提高产量。

(a)　　　　　　　　　　　　　　(b)

图1-5　锂辉石[10]

1.2 锂的应用中存在的问题

1.2.1 锂及化合物的获取中存在的问题

中国锂资源储量较丰富，在全球居于前列。美国地质调查局2015年发布的数据显示，中国已探明锂资源储量约540万吨，约占全球总探明储量的13%。中国的锂资源分布较集中，卤水锂资源占大多数且卤水伴生元素多[12]。目前锂矿开采方式主要有矿石提锂和卤水提锂。由于技术瓶颈等因素的影响，矿石提锂仍是中国主要的锂矿开采途径。其原因在于卤水中的镁锂比值影响着卤水提锂的难度，而这一比值在中国的卤水锂资源中处于较高的水平。例如，青海省锂的储量丰富，但由于高的镁锂比和提锂技术的不足致使开发困难[13]。放眼全球，自20世纪60年代美国开始对卤水提锂技术的研究至今，卤水提锂已经逐渐成为国际上锂矿开采的主导方式。这一形势曾在20世纪90年代至21世纪10年代期间对主要通过矿石提锂的中国在国际市场竞争中造成较大冲击，使中国锂产量波动较大[14]。在2022年4月28日召开的"锂电之都"产业生态及供应链大会上，中国工程院院士郑绵平指出，当前中国锂电产业存在锂资源供不应求和对外依存度高的问题，中国的锂资源未来需求存在较大的缺口。因此，锂资源的需求缺口成为一个亟待解决的问题。与此同时，在锂矿开采过程中易出现各种伴生资源，在追求锂开采量的今天，可能会忽视对于这些伴生资源的合理回收利用[12]，致使其回收率较低，造成了一定程度的资源浪费。

1.2.2 锂离子电池的使用与回收中存在的问题

锂离子电池经过快速的发展已成为当下最常用的锂电池种类。但是在逐渐成熟的理论和技术条件下，仍存在诸如电极材料选取与配合等问题限制了锂离子电池工作性能的提高，同时锂离子电池达到使用寿命后的回收利用程度仍需提高等问题也是锂离子电池新技术所要突破的方向。

（1）锂离子电池的使用性能　锂离子电池选用的正负极材料性能在使用过程中仍有提升的空间和必要性。正负极材料的容量大小、正极材料的循环性能、电导率以及传导锂离子的速率都是影响电池功率密度和能量密度的关键因素[15]。因而通过选取具有更好性能的一种或多种材料制作电极以及合理改变电极材料的结构是需要继续探究的领域。

（2）锂离子电池的回收利用　废旧锂离子电池的有效回收可以减少电池废料对环境的不利影响，同时可节约电池制造的原料成本和加工成本等，有着重要的实际意义。废旧锂离子电池的回收通常可以分为电池预处理、金属富集提取和产品制备三个环节[16]。每个环节都有多种技术应用于不同的实际情况，且各有利弊。例如，在电池预处理过程中，进行电池放电处理为后续处理过程做准备所用的盐渍法，具有操作简单、放电稳定、效率高的优点。但这一操作存在产生含氟和含磷产物的隐患；目前对于锂离子电池的回收处理主要聚焦于正极材料的有效回收利用，而对于电池电解质溶液的回收处理的关注则相对较少，这一方面的研究仍有许多探索空间。

1.2.3　热核反应中微量氚的回收中存在的问题

在多个国家合作进行的国际热核实验反应堆（International Thermonuclear Experimental Reactor，ITER）项目的液态锂铅合金包层模块中，由于装置长期运行，底部的锂铅合金残渣中会摄入少量氚[17]，因此对其进行有效回收是重要且有必要的。回收操作可以减小锂铅合金残渣放射性活度，降低对环境的污染；同时可以回收富集这部分氚，使其有望成为新一轮热核反应的原料以节约制备氚所需的锂的用量。目前对于热核反应中氚废料的回收处理主要聚焦于储氢材料和氚氚化锂中的氚，因而锂铅合金残渣中氚的回收尚需要更多的技术支撑。

1.3　应对措施与思考

1.3.1　锂及化合物的获取中的应对措施与思考

（1）中国高镁锂比卤水提锂技术的发展　中国锂资源大部分以卤水形式存在，因而提高卤水提锂技术水平对于锂资源更充分地采集和利用至关重要，目前卤水提锂的主要方法有沉淀法、溶剂萃取法和离子筛吸附法[18-20]。但是中国的含锂卤水中镁锂比较高，适用于国外低镁锂比的沉淀法直接应用于中国的生产实际中容易造成需要沉淀剂过多的问题，因而需要开发新的高效的碱性沉淀剂，以减少沉淀剂用量，提高产量。针对已知的锂离子和镁离子结构、性质特点，开发高选择性和大萃取容量的离子液体萃取剂来进行溶液萃取也是一个重要的研究方向。大环化合物[20]对于高镁锂比情况下的卤水提锂存在较大优势，对锂离子有较好的选择性并适合工业应用，因而冠醚等大环化合物应用于中国高镁锂比卤水提锂的相关研究有望使中国卤水提锂技术的进步出现新的曙光。

（2）锂资源伴生资源的合理利用　下面以对新疆伟晶岩型锂多金属矿伴生资源的回收利用为例进行介绍，该锂矿的伴生资源中有价元素有钽、铌和锡[21]。其中钽、铌主要以各自形成的铁矿形式存在，锡主要以锡石形式存在。通过粗选、预富集、强磁选和离心分离的流程将三种有价元素从锂矿中富集出来。经合适的粒度选择以及磁场强度、脉动频率等工作参数的合理设置，最终可通过这一流程获得回收率为49.50%的五氧化二钽、回收率为58.37%的五氧化二铌以及回收率为54.39%的锡精矿[21]。

（3）其他矿产资源中伴生锂资源的收集　类似于锂矿中存在含钽铌锡元素的伴生资源，在其他矿产的开发过程中也可能发现其存在伴生的锂资源。例如，焦作地区的黏土矿勘探过程中发现了黏土岩矿中伴生的锂[22]，经化学分析，其中氧化锂含量最高达1.81%。整个矿区内氧化锂储量达12.9万吨，价值巨大。其中伴生的锂主要以锂绿泥石形式存在，其余分散在高岭石等其他矿物里。对这一部分的伴生锂进行中试试验后合成了铝钠复合型锂盐。因而在将来对各种矿产深层次、多角度的勘查勘探有机会发现新的伴生锂，增添锂资源的来源。

（4）着眼于星际空间获取锂资源　在太阳系中，水星和小行星带上的小行星蕴含有储量丰富的铁镍矿产资源，地球的卫星月球上也有钾、硅、镁和^{3}He（可用于进行氦核聚变）资源，因而可以联想，太阳系中存在含有较多锂矿储量的星体是有可能的。在将来，随着人类星际探索科技水平达到一定程度，星际资源的开发也就可能被投入更多的关注，届时通过星际获取锂资源也有可能变为现实。

1.3.2　锂离子电池的使用与回收中的应对措施与思考

（1）锂离子电池性能的提高　镍钴锰三元聚合物锂离子电池是目前主要使用的三种锂离子电池之一，由于其正极材料为三元聚合物，兼具了多种锂电池的功能优势。以此可以受到启发：多种材料复合或聚合构成的新材料作为电池电极可能会带来不同种锂离子电池优势的融合，提升电池的性能。石墨烯具有特殊的二维结构，是真正的表面性固体（其所有碳原子均暴露在表面）[15]，具有可以改善电极性能的优良理化特性，可以提高锂离子电池能量密度并改善电池循环性能等。因此，原有电极加入石墨烯构成复合电极是一种提升电池性能的不错选择。对于电池负极来说，石墨烯具有高的比表面积，且有大量的微孔缺陷，这些结构特点可以使储锂量得到提高，和石墨负极相比可以使锂离子更快地进行嵌入、脱嵌反应过程。此外，单层石墨烯的导热性也比石墨电极更好,可以提高电池散热能力,提高电池安全系数。

对于电池正极而言,加入石墨烯以复合材料形式构成正极同样可以提高电极的工作性能。以常用的锰酸锂和磷酸铁锂电极为例,其在使用中会出现电解液电阻率较大、锂离子迁移速率较慢以及电子传导能力差等问题。通过利用原位溶剂热法等科学方法将石墨烯复合进入正极中形成磷酸铁锂/石墨烯/碳复合材料,可观察到由于石墨烯的加入,其内部出现了三维的空间导电网络,更有利于电子和离子的运动和传输。在未来可以寻找在热、电性能方面表现优异的独特材料与现有电极进行复合,以实现优势的融合;同时可以通过改变现有材料的内部结构来提高带电粒子传输速率等性能,从而提升电池效率。

(2)废旧锂离子电池的回收方案及改进思考 为了适应不同应用场景的需要,锂离子电池在实际应用中一般可被加工成多种形状,如图1-6所示[16],例如柱形、扣形、棱柱形、带形等[23,24]。不同形状的锂离子电池的主要结构大致相同,包括阳极、阴极、隔膜、电解液和外壳5个基本要素,图1-6(e)展示了柱形锂离子电池的结构。废旧锂离子电池的回收流程大致可以分为电池预处理、金属富集提取和产品制备三个环节。电池预处理步骤包括放电与后续的破碎分选等,为后续对电池材料的有效回收处理奠定基础。预处理的放电(失活)过程主要采用盐渍法、电阻法和液氮低温强制放电等方法[16-22]。盐渍法是一种操作简单、放电稳定的有效方法,通常可采用NaCl等钠盐溶液进行浸泡处理,但存在产生含F和P污染产物的风险;电阻法通过使电极短路来放电,但有急剧放热带来的安全隐患;液氮低温强制放电通过低温冷冻进行放电失活,但工业成本较高。相比之下,用盐渍法预处理电池的方案成本更低、操作过程更安全且放电稳定,可以考虑在其后续接入有效处理F、P

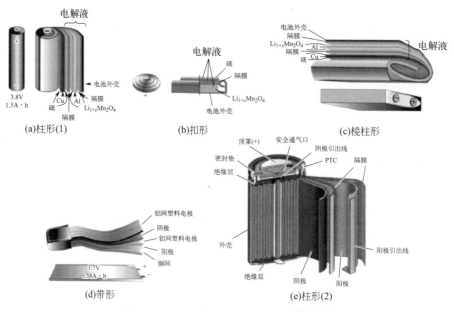

图1-6 不同形状锂离子电池结构[16,23,24]

等污染性产物的装置设备，经过环境无害化处理后再进行排放。值得注意的是，锂离子电池电解液中最重要的成分是六氟磷酸锂，其具有适中的解离常数、离子迁移数和较高的抗氧化能力，是目前最主要的电解质锂盐。有效富集盐渍法产物中的F、P等元素可以为六氟磷酸锂的制备在一定程度上补充原料。

目前，利用火法-湿法联用等技术回收正极材料的研究已有一定积累，相比之下，从电解液中回收可利用物质的回收技术仍不够成熟，如果技术进步能实现从电解液中较充分回收，对节能减排将均有益处。目前电解液的回收利用大致呈现出两种思路[16]：一是依流程逐步分离出可回收利用的较高纯度物质；二是对现有电解液进行综合处理，以得到可用于电池循环的新电解液。对于第一种思路，张锁江院士等发明的电解液全回收方法中电解液经超声溶剂提取分离，再经减压蒸馏回收提取剂，之后经过水处理等过程得到锂盐沉淀，加入碳酸钠最终形成碳酸锂产物，过程中各组分回收率在90%以上[16]。参考此思路，可以结合钛酸锂、钴酸锂和碳酸锂在水中的溶解性特点，在采用类似步骤得到锂盐沉淀后加入钛酸盐或钴酸盐，来制备生产锂离子电池电极材料所需的原料。

1.3.3　热核反应中微量氚的回收中的应对措施与思考

20世纪50年代出现了关于含氚固体废料中氚的回收方法的介绍，但主要聚焦于储氢材料等物质中的氚回收[17]。而在ITER项目中，由于包层连续运行时间长，加上磁流体动力学效应带来的影响，提氚系统底部的锂铅合金中也会有微量氚渗入[17]，对这部分氚的回收处理也很重要。目前已有的技术中，利用氦吹洗气和氢氦混合气作为交换载带气，进而通过同位素效应对其中的微量氚进行回收。

作为21世纪的能源金属，锂在储能、产能和节能等诸多领域的重要应用无疑突显了其在能源领域的重要地位和意义。锂相关的科学理论与应用技术的发展对于发展新型能源、节约资源和保护环境意义重大。全球范围内的锂工业、产业发展中已陆续完成了一些先进技术的重要突破，使人们看到了应用锂的更多崭新可能性，但在某些方面仍存在提升的空间和开拓的必要性。

参考文献

参考文献

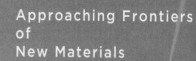

Approaching Frontiers
of
New Materials

第 2 章

走近荧光材料

莫尊理　杨丽婷

　　无论在节日还是假日的夜晚，回家的路总有守护着大家的"荧光黄"，警察们坚守在执勤点，为平安护航。交通的安全有序、畅通，你永远可以相信那一抹"荧光黄"温暖的含义。大家都知道，执勤交警穿的是黄色荧光服，醒目的黄色大幅提高了我们的安全感，让生活有了平安的保障，那么荧光服为什么会有荧光呢，其中到底有什么奥秘？这还得从夜明珠说起。

　　夜明珠，在古人的眼里，是李商隐的《锦瑟》中的"沧海月明珠有泪，蓝田日暖玉生烟"，是学识渊博、才华横溢的女诗人薛涛心中的"皎洁圆明内外通，清光似照水晶宫"，抑或是李峤眸中的"昆池明月满，合浦夜光回"。夜明珠在古人的眼里是稀世珍宝，极具神秘的色彩。直到近代，人们才真正清楚它在夜里发光的原理，这就是我们现在的荧光发光材料，由此贯通古今的神奇现象，引发了现代荧光材料的研发，为当今社会带来了工业和商业的巨大变革，其中最有代表性的就是稀土荧光材料，它在许多领域显示了巨大的应用空间，如荧光涂层、城市照明、舞台效果、医疗检测、环境监测等方面皆有了广泛的应用。

　　在古代，人们知识欠缺，并不知道夜明珠为什么在夜晚发出如此神秘而又美丽的光，而仅把它做照明之用。曾与"和氏璧"齐名的夜明珠到底藏着怎样的秘密呢？让我们随着科学家的视线一起进入荧光材料的世界。

2.1　荧光材料的发光机制

2.1.1　大自然的荧光材料

　　夜明珠其实是天然的萤石，萤石又称氟石，实际上就是化学家眼中的氟化钙（CaF_2）。至于萤石发光的原因，这就得让化学家来解开它的神秘面纱了。研究发现，萤石是一种天然发光矿石，它在白天"不发光"而在晚上发出耀眼的光芒，是因为它在自然界结晶的时候，有少量的稀土离子掺杂入其中形成发光中心而导致的[1]。1824年，德国矿物学家注意到了萤石在紫外线的照射下呈现出与日光下完全不同的颜色。1852年，斯托克斯发现了荧光的存在[2]，后来地质学家陆续发现了天然具有荧光的矿物。这些天然的萤石表现出来的黄色、绿色、蓝色、紫色皆是因为它在结晶时掺杂的稀土离子不同而导致的。这些萤石还有一个特点，那就是随着温度的升高，其发光度会增加，这是由于温度升高使稀土离子运动速度加快且能量增加，进而发出更多可见光。

　　说到这里，我们需要介绍一下什么是稀土元素。它究竟是何方神圣？稀土元素是周期表中位于ⅢB中的钪、钇以及镧系元素中的镧、铈、镨、钕、钷、钐、铕、钆、铽、镝、钬、铒、铥、镱、镥17种元素的总称。虽然称它们是稀土元素，但其实并不稀有，甚至比一些贵重金属（如银）在地球的丰度都要高[3]一些。由于稀土元素独特的能级结构，即独特的4f亚层结构，在发生f-f跃迁和f-d跃迁时，会有较为明显的荧光行为以及电磁行为[4]。因此稀土材料在高新技术产业有着广阔的应用前景。

在自然界中，如水母、萤火虫等发光生物是通过其体内的荧光蛋白等物质进行发光，但是各种生物发光的原理也不尽相同。研究发现，萤火虫发光是因为身体里的荧光素和荧光素酶。荧光素在荧光素酶的作用下，与氧气发生反应产生光能[5]。与我们日常看到的太阳光、灯光、火光等通过发热过程产生的光不同的是，萤火虫产生的荧光是冷光，也就是说，萤火虫体内的荧光素发生反应产生的能量绝大部分转化为了光能，只有极少的部分通过热能辐射到外界，光转化率达到将近95%。在自然界中，每一种生物所具有的特性大都是为了生存与繁衍，萤火虫也不例外。在幼年时，萤火虫发光主要起到警告天敌的作用，而在成年后，萤火虫发光则是为了求偶以达到繁衍的目的。萤火虫的寿命很短，只有短短的两周，因此，萤火虫在成年后就会抓紧时间繁殖，借发光来吸引异性。水母发光的原因则与萤火虫不同，并不是荧光素的作用，而是水母身体中被称为埃奎林的一种蛋白质，这种蛋白质遇到钙离子就会发出较强的蓝色光[6]（图2-1）。目前人们根据这两种生物的特性，制备了一些用于医疗的人工材料。

(a) 萤火虫　　　　　　　　　　　　　　　(b) 发光水母

图2-1　萤火虫和发光水母

接下来，我们可以了解一下这些天然的甚至是人工的荧光材料到底为什么发光。

2.1.2　荧光材料的发光机理

荧光材料发光主要是因为荧光材料中的原子或离子等单元被其他形式的能量激发后，吸收能量后跃迁到激发态，但激发态不稳定，又自发回到平衡态，其中一部分能量就以光、电、磁等形式辐射出来，产生荧光。通俗来讲，发光材料在受到外界辐射的时候吸收能量，再通过发光的形式将之前的能量释放出去，是一个能量的先吸收、再释放的过程。许多天然以及人工合成的发光材料都是这种原理。发光的过程是一个物理过程，但是发光的强弱甚至荧光的猝灭，都是与荧光材料自身的性质分不开的。发光材料本身的缺陷类型、能带结构、能量传递的过程都会影响发光材料的荧光性质[7]。

荧光发光机理如下[8]：

① 激发和发光过程。在外界光源的照射下，荧光材料的发光中心会吸收能量，在此过程中，部分活化离子从稳定的基础能级通过跃迁的方式到达不稳定的能级，也就是激发态能级，这就是激发过程。但激发态能级不稳定，又自发地回到平衡态，在此过程中会有一部分能量以电磁波的形式释放出来，这个过程即为发光过程，往往也会伴随少量的能量以热的形式释放出来。

② 能量传递与输运。能量传递发生在荧光材料发光的过程中，是能量从一个发光中心传递到另一个发光中心，导致后者发光增强的现象。能量输运是指激活离子发光过程中，在电子、空穴等的运动下，能量从晶体的一个位置传递到另一个位置的过程。敏化剂与激活剂之间的能量传递过程如图2-2所示。

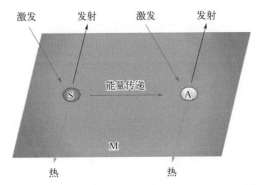

图2-2　敏化剂与激活剂之间的能量传递过程[9]

2.1.3　荧光发光过程中的能量传递

发光中心吸收能量由基态跃迁至激发态，但处在激发态的分子不稳定，又会跃迁回基态，并释放出能量，这种从激发态到基态的过程叫作退激发过程，退激发过程一般通过三种途径来实现[9]。

① 辐射跃迁。处于激发状态的发光中心将能量以电磁波辐射的形式释放，并跃迁到基态。

② 非辐射跃迁。通过电子与晶格之间的相互作用将激发状态所含有的能量转化为晶格振动的热能，并返回基态。

③ 能量传递。发光中心将自身激发态的能量传递给另一个发光中心，传递能量的发光中心经过能量衰减返回至基态，而承接能量的发光中心则从基态跃迁至激发态。

2.1.4 荧光材料发光的类型

荧光材料发光的原因其实有很多种，如荧光粉发光现象就是一种光致发光现象，按照不同的发光原因可以划分为下列几种[10]。

① 光致发光。光致发光指的是在外界光源的照射下自身发光的一种现象，即原子或离子受到外界激发，电子从基态跃迁至激发态，重新回到基态所辐射荧光的行为，如荧光灯等物质的光致发光效应。图2-3展示了电子先从基态跃迁至激发态，再回到基态的过程。

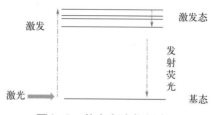

图2-3　荧光光致发光过程

② 阴极射线发光。阴极射线发光指的是在阴极射线照射荧光材料时，荧光材料发光的现象。这种效应在显像领域中用得较多，是由于阴极射线照射荧光材料时，发光材料吸收电子的动能，跃迁至不稳定状态，回到基态时辐射的荧光。我们日常生活中的电视、雷达等都是阴极射线发光的产物。

③ 电致发光。电致发光是指在电场的作用下荧光材料发光的现象，简称EL。它是通过加在两电极的电压产生电场，发光中心被电场激发的电子碰击，导致电子在能级之间的跃迁与变化，从而辐射出荧光。电致发光现象在直流电与交流电的作用下都可产生，有机发光材料一般是在交流电下进行的。

④ 等离子发光。等离子效应是气体中的电子得到足够的能量之后，脱离了原子，也就是在发生电离后形成速度极快的电子，这些电子在混合的过程中发生碰撞，中性的粒子也发生电离，不同的带电粒子发生结合形成原子。等离子效应发生时，发射出带有较高能量的紫外线，使荧光材料发光。

⑤ X射线发光。X射线发光是在X射线照射下，荧光材料产生光电效应，进而导致的发光。发光材料的主体结构中会出现二次电子，而中心离子会把这些二次电子吸收一部分作为自身的激发能量，使中心离子从基态跃迁至激发态，不稳定的激发态在跃迁回基态的过程中会出现光子的辐射而发光的现象。

⑥ 应力发光。应力发光是外力与发光材料在摩擦、挤压、撞击的作用下使材料发光的现象。

⑦ 化学发光与生物发光。化学发光就是物质通过发生化学反应而受到激发光的行为。生物发光是指由于生物自身的活动与生命变化过程中释放能量发光的行为，如发光水母和萤火虫。

2.2 荧光材料的分类及应用

2.2.1 荧光传感材料

走在科技的最前沿，荧光传感材料在医疗、国防等多个领域发挥了它该有的作用。目前，人类的视觉信息以及其他身体信号无法让我们了解特定的化学事件的发生，例如爆炸物、神经毒剂的信号以及危险气体的产生，且较多的检测手段如仪器检测、离子迁移谱法、电化学法等通常成本高、操作困难，不能实现实时检测的目的[11]。而荧光材料由于其优越的荧光性能可用于传感系统，包括有机荧光小分子材料、共轭聚合物荧光材料、聚集诱导发光材料等，这些材料已越来越多地应用于荧光检测领域。

荧光法主要依靠荧光猝灭来检测爆炸物。爆炸物主要分为两大类：

① 制式爆炸物。以 2，4，6-三硝基甲苯（TNT）、2，4-二硝基甲苯（DNT）、环三亚甲基三硝胺（RDX）等硝基爆炸物为主。

② 非制式爆炸物。一般由硝酸盐、铵盐、次氯酸盐、氯酸盐、高氯酸盐、尿素等氧化剂与硫、石油、碳粉等易燃物混合而成[12]。

制式爆炸物中一般含有硝基基团，在硝基基团的作用下，爆炸物具有较强的吸电子能力，于是荧光分子与爆炸物分子发生相互作用，荧光分子在受到紫外光激发的作用时，产生紫外激发荧光，但由于爆炸物分子的存在产生电子的转移，这时候就会发生荧光的猝灭，这种机制已经应用在荧光传感器的设计与制造上。针对非制式爆炸物，研究者也从其特有的理化性质着手，设计识别位点，制备相应的传感材料。

同样是荧光猝灭原理的应用，制备的 MOFs（金属-有机骨架）材料也可应用于生物医学传感。相比于其他的诸如石墨烯、碳纳米管、金纳米颗粒等基于纳米材料的荧光猝灭剂，MOFs 材料成本更为低廉，制备更为简便，荧光猝灭的能力还可以通过配体进行调节。诸多的 MOFs 已被开发用于脱氧核糖核酸（DNA）、蛋白酶等生物传感方面[13]。

毒品犯罪是危害家庭幸福与公共安全的巨大隐患，高效检测毒品的手段，对于缉毒工作是不可或缺的，也受到社会各界的关注。工作者长期致力于荧光敏感薄膜的创制、荧光薄膜器件等一系列荧光敏感材料的研发，研制了针对毒品的高性能荧光传感器和探测设备。例如，通过分子组装技术获得的荧光薄膜阵列，实现了对冰毒、摇头丸、K粉、咖啡因等重要精神类毒品的超灵敏、简单快速的检测，实现了毒品探测技术的重要突破。

γ-羟基丁酸（GHB 或液体摇头丸）是一种给执法机构检测造成一定困难且危害社会的药物，GHB 其实是一种在哺乳动物脑组织中发现的少量内源性成分，其在脑组织中作为中枢神经系统抑制剂发挥作用。GHB（图2-4）是 γ-氨基丁酸

（GABA）代谢过程中产生的天然产物，参与大量神经递质的调节。然而，这种小小的脂肪酸也是一种非法药物，其使用量在近些年大幅增加。GHB无色无味，将其掺入饮料当中，毫无戒心的受害者喝下饮料后，很快就会丧失行为能力，极易受到伤害。

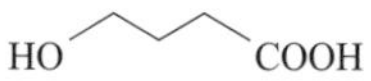

$$HO\diagdown\diagup\diagdown COOH$$

图2-4　γ-羟基丁酸的分子结构

　　γ-羟基丁酸的检测近些年也是毒品检测领域重要的一环，传统的检测设备（也就是一些实验室设备）十分笨重且昂贵，不适宜在公共场合使用，荧光传感不仅可以实现高效检测，而且节省了很多人力、物力。荧光传感可以实现视觉指示（通过荧光或颜色变化显示），因此任何人可以在没有接受训练的情况下去使用它，这对于在摄入饮料之前快速的现场测试具有十分重要的意义[14]。遗憾的是，目前，这类检测γ-羟基丁酸的荧光传感器数量十分有限（图2-5）。

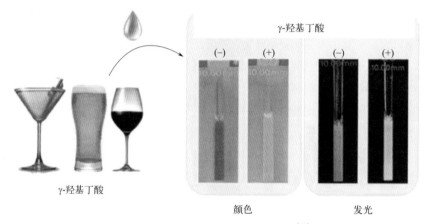

图2-5　γ-羟基丁酸荧光传感器[15]

　　在陆续的报道中，我们看到以Fe^{3+}的金属络合物作为一种简单、快速、灵敏的指示剂来检测定量的γ-羟基丁酸，以这种指示剂为基底的固态指示条不仅高效，且成本较低[15]（图2-6）。

2.2.2　荧光蛋白

　　如同雷达的发明是受到蝙蝠的启发一样，多样的生物性给了人类不同的技术支持，例如，以绿色荧光蛋白为代表的一系列生物荧光标记蛋白的发现与应用，为生物学的发展提供了一种全新的工具。1961年，下村修来到美国盛产水母的港口研究水母发光的奥秘，他将水母的小伞边缘剪下来，不断地提取，终于在水母的身上发现了一种物质，这种物质可以和钙离子结合发出蓝光，但是蓝光可以迅速被一种蛋

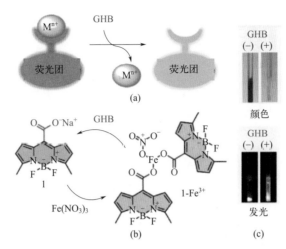

图2-6　金属络合物 γ-羟基丁酸检测比色和荧光传感器[15]

白质吸收，发出绿色的荧光，这种蛋白质被命名为绿色荧光蛋白（GFP）。但是天然的绿色荧光蛋白发光性能很不稳定，不仅亮度不够，而且在自然环境下很容易发生猝灭。科学家们对绿色荧光蛋白进行了改造，这一系列的改造被称为"颜色革命"，其中就有蓝色、橙色、青色等颜色的荧光蛋白[16]。

　　荧光蛋白的出现，使人们能方便地观察活细胞的细微结构和生理过程。绿色荧光蛋白（GFP）是一种非常有价值的工具，可用于细胞结构可视化，阐明单个细胞在整个生物体中的生化运输。荧光蛋白用于活体标记，毒性弱，能够在生物体活动中研究生命的动态。荧光蛋白的魅力不止于此，将这种荧光蛋白转入兔子细胞，兔子就会发出荧光，这也成为艺术家的一个灵感来源。

　　2000 年，在法国科学家的帮助下，兔子"阿尔巴"诞生了（图2-7），它的体内被转入绿色荧光蛋白，因此能在特定光段下发出绿色荧光。

图2-7　转入荧光蛋白的"阿尔巴"

　　荧光蛋白最大的贡献就是对细胞的靶向，在荧光蛋白开发出来之前，主要用于研究的生物体细胞大多是死细胞，但是生物体内的酶等蛋白质对其他物质的作用就不能准确地观察到。而荧光蛋白做到了这一点，荧光蛋白的出现使人们对于活体细胞的研究向前走了一大步。我们可以将一种蛋白标记为红色，另一种蛋白标记为蓝色，当这两种蛋白相互反应之后，标记就会变为紫色。除了追踪正常细胞，荧光蛋白还可以成为癌细胞的靶向。目前，如新开发的远红外荧光蛋白[17]，不仅有强荧光和高光学稳定性，它还可以用于肿瘤成像，将红外荧光蛋白植入体内细胞经过体外成像，红外荧光蛋白就可以到达癌细胞所在的地方。肿瘤荧光成像在医学中有着良好的应用前景。

此外，对肿瘤细胞进行荧光标记，还能将癌细胞与正常细胞区分开来，对于不同类型的疾病患者进行分类研究也是非常重要的一环。此外，利用了荧光材料可以在活体内对癌细胞进行检测和治疗，并且通过对细胞或蛋白进行标记和荧光成像技术，可以实现人体内的环境监测以及病理诊断，标记出人体内存在的特定物质或脱氧核糖核酸（DNA）等生物信息。随着荧光分子化学技术和有机发光材料技术在生物医学领域的广泛应用，荧光材料已经成为一个快速发展和研究的热点。目前，已经有大量的荧光材料被开发出来，这些材料可以在生物医学领域起到非常重要的作用。

之前介绍水母的时候说过，水母中的荧光物质遇到钙离子发蓝光，应用这一原理，水母发光蛋白可被用于钙离子指示剂。

绿色荧光蛋白与水母发光蛋白的分子融合再现了水母中发生的非辐射能量传递过程，这两种蛋白质是从水母中获得的，导致发光增加并向更长波长移动。嵌合体的丰度和位置可以通过荧光观察到，而其发光的程度可以报告Ca^{2+}的水平。绿色荧光蛋白用于越来越多的研究以及科学发现中[18]，从细胞器和细胞到完整的生物体，通过将其他荧光蛋白嵌入水母发光蛋白，观察发光程度以检测钙离子已经被扩展用于多路径分析和体内测量Ca^{2+}的存在及水平。

水母中的埃奎林遇到钙离子可以变为蓝色，我们可以依此检测到钙离子

2.2.3 荧光粉

提到现代照明灯具，我们不得不提爱迪生，是他将人类世界由只有蜡烛、火光、油灯照明的时代推向了"夜晚光亮如白昼"的新世界，实现了人类从火源照明走向光源照明的飞跃。从此，人类世界摆脱了黑暗夜晚的束缚，白炽灯也成为人类最早使用的光源照明灯之一。白炽灯主要是由椭球形的玻璃外壳以及螺旋形的灯丝（也就是钨丝）来构成，是将灯丝通电到白炽状态，利用热辐射发出可见光的灯具。白炽灯按照用途的不同，可分为普通照明灯和专用照明灯，白炽灯因简单的装置、良好的显色性迅速风靡全球。随着人们研究的逐步深入，科学家发现白炽灯的热致发光的特点带来的是较低的光能转化，也就是说发光效率其实并不高。直到1938年

第一盏荧光灯的问世[19]，慢慢给人们带来新的思路，那就是如何在兼顾显色的同时提高光电转化效率。在随后的几年里，人们相继制备了高压金属灯、卤化物灯等不同的光源。但是，随着环境问题的逐步严重，以及对汞生态污染的限制，荧光灯就在疑问与质疑中不断地向前发展，也迎来了属于LED灯的春天。

我们首先来看一看LED灯究竟是什么。通俗来说，LED是一种稳定高效的用于光电转换的半导体发光器件。它是20世纪60年代Holonyak和Bevacqua等采用半导体化合物材料制成的，这只红色LED的诞生也意味着光能从热致发光过渡到直接由电能转化而来。但是第一代的LED没能克服发光效率低的问题，以至于在随后的十年里，科学家一直试图寻找一种半导体材料来提高发光效率。因为有缺陷，才会有科学的进步；因为不完美，技术才能取得不断的突破。正是因为这些困难，我们才迎来了技术与科学的变革。20世纪70年代初，依据光的三原色原理，荷兰科学家[20]首先发明了用稀土的三基色荧光灯。三基色荧光灯比普通的照明光源发光效率有了极大的提高。

荧光粉是一种在外界能量的激发下能够发光的材料（图2-8），它的主要组成成分为基质和发光中心，发光中心也被称为激化剂或活化剂，有时候也会掺入有能量转换作用的敏化剂。一般情况下，基质不发光或仅能发出微弱的光。荧光粉为什么能发光，主要是因为激化剂可以和基质周围的晶格离子或晶格缺陷形成发光中心，这时候才能起到发光的作用。基质的不同会影响能级结构的不同，从而影响离子的发光性能，因此基质的选择尤为重要，目前，荧光粉所用的基质主要有两类[21]（图2-9）：

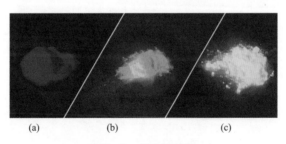

图2-8　三种荧光粉

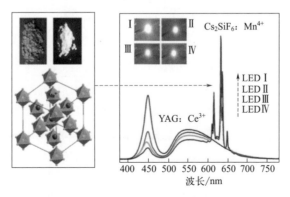

图2-9　钇铝石榴石（YAG）荧光体系

① 氧化物和复合氧化物，包括YAG（钇铝石榴石：$Y_3Al_5O_{12}$）和Y_2O_3（三氧化二钇）。

② 含氧酸盐，如硼酸盐、硅酸盐、磷酸盐、铝酸盐、钼酸盐等。

在激化剂的选择上，尽可能选择具有丰富能级结构的激化剂，可以表现出不同的跃迁带，也可以在荧光粉中加入少量的敏化剂来达到传递更多的能量给发光中心的效果，从而提高发光的效率。

我们主要依据基质的不同将荧光粉分为以下几个类别[22]：

① 铝酸盐荧光粉。优点是具有优良的导热性和机械强度，可以掺入不同的稀土离子，从而获得不同颜色的光，但是，这类荧光粉合成周期长，烧结的粉末硬度高，这就遇到了回收率低的困难。

② 硫系化合物荧光粉。硫系化合物具有较高的非均衡电导率，为半导体化合物，最适合作阴极射线和放射线激发引发发光的基质。它是作为白光LED的红光材料，但是硫化物化学性质不稳定，易潮解，就会进一步影响硫化物荧光粉的使用寿命。

③ 硅酸盐荧光粉。以硅酸盐为基质的材料容易被近紫外光激发，相比于硫化物荧光粉，硅酸盐荧光粉化学稳定性好，且发光亮度也很高。硅酸盐荧光粉在显示方面引起了人们的高度关注。

④ 钼（钨）酸盐荧光粉。钼（钨）酸盐基质材料的荧光粉可以有效吸收掺杂在钼（钨）酸盐基质中的稀土离子，使合成的荧光粉光学性能极好、发光效率较高，发光颜色也较为纯正，因此，在白光LED的制作中，钼（钨）酸盐荧光粉受到研究者很高的重视。

作为具有发光性能的荧光粉，在譬如照明、显示和检测等方面就可以大展身手了。特别是在现代社会，荧光粉成了照明灯具材料的宠儿。目前，白色发光二极管技术已成为显示器背光、路灯以及室内照明的重要光源，稀土掺杂无机非金属材料是制备LED荧光粉的重要途径。目前，商用大多数是WLED，也就是发白光的LED。

人们最早开发的蓝光LED，黄粉——YAG：Ce^{3+}（钇铝石榴石）荧光粉成为蓝光LED的重要伴侣。但是由于这种蓝光光源转化为白光的过程中，未经转化的蓝光发射出来的能量比较集中而且还具有一定的方向性，若人体长时间在这种蓝光光源的照射下，可能会造成一定程度上的视网膜损伤，而且有研究表明，人体在长时间蓝光的光源影响下，会导致免疫力降低，也就是"蓝光危害"。基于此，人们找到了解决蓝光危害的办法：使用近紫外驱动的白光LED可以有效地过滤蓝光的影响，也就是说将近紫外驱动白光芯片结合红粉、蓝粉、绿粉来生成白光，这种光源就可以避免黄粉和蓝光LED导致的"蓝光危害"。同时，这也解决了蓝光光源和黄粉带来的光谱不连续的问题。

稀土红色荧光粉目前是显示领域中的佼佼者，可分为上转换红色荧光粉和下转换红色荧光粉。上转换红色荧光粉是在红外激发辐射下发出可见光，但一般来说，紫外激发类型较多。红外激发也就是低能量光子激发发射出高能量光子，这种现象也被称为反斯托克斯效应。正是因为这种独特的性能，使稀土红色荧光粉有着被用于防伪、显示的极大潜力。随着激光技术的不断完善，基于稀土上转换红、绿、蓝三基色荧光粉的显示器也出现在人们的眼前[23]。这种显示器可以吸收 980nm 的红外光，受到激发后形成彩色显示。稀土上转换红色荧光粉用得最多的是氟化物、氧化物和含硫化合物体系。

相反，稀土下转换红色荧光粉一般是在紫外光区受到激发，符合斯托克斯定律，这种材料也在日常生活中用得最为广泛。而用到最多的荧光粉就是铕（Eu^{3+}）掺杂的红色荧光粉，如最典型的是铕掺杂三氧化二钇（Y_2O_3：Eu^{3+}）。随着 LED 的应用与技术的发展与完备，红色荧光粉性能的改进也就提上了日程，希望未来可以用更高效简单的方法制备红色荧光粉。近些年，除了性能的改进以及材料的回收与利用，节约能源与材料的合理使用也被大众讨论，如何将材料的优点发挥到淋漓尽致也是值得我们思考的问题。

2.2.4　荧光探针

荧光探针等同于分子生物传感器，会对特定的分析物和环境产生响应，这时利用探针本身的荧光性质发生改变的特点，可以起到检测和识别的作用。相比于传统的检测方法，荧光探针操作简单，在选择性、灵敏度、响应速度等方面都突显了自身的优势。

要说到荧光最早的历史，我们还是要回溯到荧光染料。染料在很早之前就被应用在棉、麻等纺织品的印染上，直至 1714 年，Leeuwenhoek 首先用天然染色剂研究肌肉组织，取得了很好的效果，而当时的染料都是一些天然染料，直至 1856 年，William Perkin 首先合成了一种煤焦油染料——苯胺紫，从此开启了人工合成染料的时代[24]。随着一系列染料的合成，这些染料也逐渐被应用到组织标本、血液标本、细菌标本上。这个时期生产的具有荧光性能的染料，包括氧杂蒽和吖啶（氧杂蒽的衍生物）。其中，派洛宁 Y、罗丹明 B、荧光黄、曙红 Y、赤藓红等都是很有名的吖啶类染料。渐渐地，有的荧光染料从染料的行列中脱颖而出，成为组织学家、细胞学家所用的荧光探针[25]。后来，荧光染料也被用到细胞核的染色当中，碱性品红在 1863 年被 Waldeyer 引进组织学研究以后，就成为一种重要的细胞核染料，它对于细菌学，特别是对于用以证明结核杆菌这类耐酸微生物体的发展产生了重要影响。人们这时还没有意识到荧光探针所带来的巨大效用，直到 20 世纪 30 年代荧光显微镜的研制，显微镜学家认识到荧光探针可以提高染色组织的观察灵敏度和清晰度[26]。后又发现荧光探针在水中的灵敏度，自此，荧光探针慢慢地也在其他方面得到应用（图 2-10）[27]。

在此后的几十年里，荧光探针也走上了科技的前沿，在诸多行业中发挥它的才干，荧光纳米探针在细菌成像和鉴定中的使用获得了巨大的成功[28]；还有铜纳

图2-10　荧光探针的发展历程[27]

米簇荧光探针，因其制作过程简单快速、荧光性能好等特点被食品检测行业应用；针对土壤污染物，也有相应的荧光探针[29]。土壤污染物有无机污染物、有机污染物、微生物污染物，不同于气体污染物与水体污染物，土壤污染物流动性差，自我净化能力差，且非常隐蔽，因此，对土壤污染物的检测具有重要意义。荧光探针由于种类较多，可在复杂的土壤环境中检测特定的污染物。除了检测土壤污染，水污染及气体污染的检测也有荧光探针的身影。

在医疗行业，荧光探针也发挥着重要的作用，如设计合成的Cu^{2+}探针有望用于神经退行疾病的早期监测。阿尔茨海默病是一种多发于老年人的神经性退行性疾病，这种疾病发病机理很复杂，但是研究者关注到铜离子在阿尔茨海默病发展过程中的作用，Cu^{2+}的摄入不足可能会导致神经系统的代谢紊乱，基于Cu^{2+}特定的反应的荧光探针可以实现高选择性探测到Cu^{2+}。设计并合成的一种检测Cu^{2+}的近红外荧光探针（DDP-Cu）已成功应用于活体细胞和活体斑马鱼中Cu^{2+}的半定量检测，为以后的阿尔茨海默病的治疗奠定了一定的医疗基础[30]。

在生物医学诊断方面，利用荧光材料能够从人体中检测出特定目标物质（如癌细胞）；在活细胞内，能够检测出特定的信号分子（如核酸分子等）。在临床诊断中，利用荧光材料能够对血液肿瘤进行标记，并对血液肿瘤进行早期预警，将荧光标记的细胞放入生物培养皿中进行研究也是一种非常好的方法。除此之外，通过将荧光材料与不同细胞系相结合，可以研究不同类型的细胞。在研究人类的免疫系统方面，荧光材料可以对各种细胞系进行分类。通过在细胞中标记各种小分子，可以将不同类型的细胞分为三种类型，即单细胞、多细胞和亚细胞。

荧光探针对化学反应与化学药品的研究也有十分重要的作用，而许多的化学反应与化学药品对水敏感，可能会破坏化学反应与最终产物的产率，特别是在物质结构的检测中，不同形式的水可能带来不同的结果。但现在没有相对简单的方法区分重水和水，一般的化学传感器也检测不出来。因此研究者针对水与重水设计出一款具有特异性反应的荧光探针，实现了重水与水的检测与区分[31]，这款仅有少数小有机分子和镧系元素络合物结合形成的荧光探针可以检测有机物中混杂的水与重水，图2-11所示为水与重水的检测与区分实验。

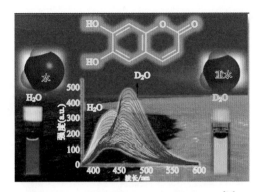

图2-11 水与重水的检测与区分实验[31]

在生物学层面，生物探针一直是一个有趣的话题。一般来说，生物探针可以被认为是有逻辑意义的，目前的生物探针可以做到的是DNA的修复。一个有效的DNA探针能够动态响应DNA修复酶的活性。也就是说，DNA修复探针不仅有修复作用，对于修复程度也可以做出响应。在荧光探针修复DNA时，输入具有病变的寡核苷酸，输出的荧光信号强度的变化就可以指示DNA修复酶的活性[32]（图2-12）。

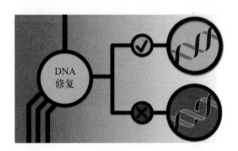

图2-12 荧光探针用于修复DNA

任何荧光探针DNA修复的第一步都是将含有损伤的底物转化为修复产物。由于DNA是大多数修复酶的天然底物，含有损伤的底物通常表现为短寡核苷酸，其位点选择性地掺入了特定的酶，探针将识别并修复DNA损伤。为了防止其他因素的干扰，病变部位必须以某种方式抑制荧光输出并被酶特异性修复。修复的寡核苷酸可以产生直接的荧光，或可以作为新的底物用于最终产生荧光信号的进一步处理。需要其他酶和寡核苷酸在进一步的下游加工的探针上产生间接信号。间接输出探针通常不能用于细胞中，并且由于在信号产生期间需要多个步骤，这些步骤经常是不连续的[33]。虽然"探针"表示单个小分子或寡核苷酸分子，但许多已设计出的荧光DNA修复探针需要寡核苷酸和聚合酶/核酸酶的复杂系统来传导信号。

2.2.5 荧光涂层

荧光涂层工艺一般是将荧光物质和聚合物树脂、丙烯胺树脂以及丙烯酸有机硅树脂相结合，借助溶剂等方式，依据特定的用途涂装在某些物质的表面，在生活中也常有应用（图2-13）。

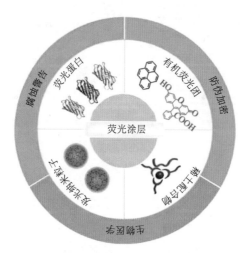

图2-13　基于不同荧光物质的荧光涂层的构建策略及有前景的应用[34]
（荧光蛋白、有机荧光团、稀土配合物、发光纳米粒子）

金属腐蚀是全球工业文明的重要威胁之一，而最常用的保护金属的方式就是涂层保护。人们迫切地需要实现金属腐蚀早期检测及保护策略，而传统策略就是观察金属腐蚀开裂的情况，这就导致发现的时候已经遭受腐蚀，这远远不能达到早期金属腐蚀检测和保护的目的。涂层技术是腐蚀防护领域的一种高效低成本的策略，起保护作用的涂层可以增强材料的耐腐蚀性，延长金属部件的使用寿命。然而，在光、热、湿气等外界条件的侵蚀下，随着时间的推移，涂层有可能发生老化和开裂，严重削弱涂层的保护能力，进而不可避免地导致金属基体的腐蚀。因此，有必要赋予金属腐蚀防护涂层一定的预警功能，从而及时发现涂层的损伤和避免金属腐蚀的发生，只有及时地发现，才有可能及时介入并进行恢复[35]。科学家们最早发现掺入环氧涂层中的8-羟基喹啉可以与Fe^{3+}离子反应发出橙黄色荧光，可以检测碳钢的早期腐蚀[36]。因此，科学家们便着眼于荧光涂层的研究与改进。例如将MOFs与荧光物质相结合制备成MOFs荧光复合材料智能传感涂层。

MOFs是一类由有机配体和金属离子、团簇自组装形成的具有分子内孔道的杂化材料，在分离、气体储存、能量转换、生物医学等领域有着广阔的应用前景。依赖于MOFs较大的比表面积、可设计的结构和丰富的活性中心，以及有机配体中的N、P、S杂环芳香族化合物和丰富的π键，MOFs分子可以吸附在金属表面从而起到缓释的作用[37]。另外，由于MOFs还有一定的疏水性和水稳定性，许多的MOFs可用于无机或聚合物保护涂层的纳米填料，用来提高阻隔性能。特别是MOFs的大比表面积和可调节的空隙以及特定的官能团，使MOFs可作为涂层中的纳米容器，进而可以负载自主修复的修复试剂和抑制试剂。但是，这个时候发现，如果光有

MOFs，就浪费了它所具有的这些特性。若我们将MOFs和具有荧光性质的材料进行复合，就达到了我们所需要的目标。荧光物质可以响应金属离子、pH、热等刺激，这样，将荧光物质与MOFs进行复合的材料就可以实现涂层损伤的自主修复和自主检测，这在很大程度上起到保护涂层的作用（图2-14）。

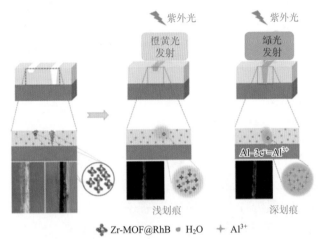

图2-14　自主检测和区分表面涂层损坏（浅划痕）基材铝腐蚀（深划痕）的报警系统[38]

后来，荧光涂层在很多行业中发挥了它的功能，例如，荧光涂层在医疗行业中的一系列应用，包括设计合成的用于手术设备的近红外荧光涂层，将近红外荧光涂层涂盖于不锈钢丝、外科缝合线、硅树脂或是PVC导管等外科器械上。这些导管的近红外荧光涂层在进入食管或是尿管内部时，就可以显示食管和尿管内部的情况。目前，这种近红外荧光涂层医疗器械在猪以及人的尸体模型上的引导手术中得到了验证[39]。因此，可以看到荧光涂层在医疗行业中显示出来的巨大潜力，或将可以成为外科手术当中的重要助力。

除金属腐蚀的问题很严重之外，其实，材料表面的微生物污染也是一个非常严重的问题，微生物污染导致的材料性能恶化也是在涂层防护方面需要关注的。例如在聚合物材料表面引入相应的抗菌功能涂层，传统来说，一般具有抗菌功能的材料是通过杀菌剂的直接物理混合、接枝、改性的方法引入抗菌功能团，或是利用氧化银、氧化铜等氧化物来制备复合材料[40]。这些方法虽然可以达到抗菌的目的，但是不具备持久抗菌性，随着时间的推移，细菌也会附着在材料表面，这就在一定程度上降低了灭菌效率。而香豆素这种具有天然荧光的抗菌化合物，其衍生物具有抗菌、杀虫等多方面的优良的理化性质，而且香豆素光学稳定性好，因此，香豆素在荧光标记、荧光成像、荧光探针、激光燃料等领域中获得了很大的重视。

香豆素是天生为抗菌服务的，相比于稀土配合物与水的不相容，香豆素在水中便是如鱼得水。因为在稀土配合物中，当环境中的水分子取代了配体时，荧光性能往往会发生恶化，这就破坏了材料的稳定性，况且稀土材料大多数是有毒的。香豆素所表现出来的在水中的稳定性以及优异的抗菌性能使其成为理想的多功能抗菌荧光涂层聚合物，所以研究者尝试将香豆素与助剂和溶剂相结合，制得具有优良的抗菌性、安全性的新型多功能荧光涂料。

荧光涂层其实也在我们想不到的地方发挥着它的光与热，将涂有荧光涂层的荧光反射器放在温室的上方，这种设备可以实现对光照系统的修改，可以增加温室的光合作用，而通过荧光反射器的光可以均匀地照射在作物上，这就增加了对于作物的光照作用。

2.2.6　荧光防伪材料

紫外激发荧光防伪油墨是一种用紫外激发荧光的物质作颜料制成的防伪油墨，利用光致发光现象，也就是说，在受到紫外激发后，荧光物质内部的电子受到激发，这些电子就会跃迁到激发态，而当这些电子回到平衡态时，多余的能量可以通过发光过程和非辐射过程进行释放，在此过程中，可以出现色彩斑斓的效果。

荧光颜料包括无机荧光材料、有机荧光材料和稀土荧光配合物。无机荧光材料又称紫外光致荧光颜料，具有稳定性好的优点，缺点是难以在油性介质中分散且耐水性较差，所以不耐腐蚀。有机荧光材料是由荧光染料分散在透明的树脂载体中所制得，也是目前应用较广的一种荧光防伪材料，这类荧光材料的优点就是在油性介质中的分散性良好，且溶解性好，缺点是所发射的荧光为宽带谱，色纯度低，而且大部分为日光激发，容易发生荧光猝灭，从而导致这类荧光颜料的稳定性较差[41]。稀土荧光配合物是由稀土中心金属离子和有机配体通过配位键结合形成的配合物，稀土离子特殊的电子结构也决定了它具有特殊的光、电、磁等性质。

近年来，荧光纳米颗粒在新兴领域（如纳米生物技术、光子学和光电子学）中引起了广泛关注。常用的荧光材料为有机改性二氧化硅、疏水和亲水有机聚合物、半导体有机聚合物、量子点、碳纳米材料（如碳点）、碳纳米簇和纳米管、金属颗粒和金属氧化物。然而，当考虑诸如低检测效率、复杂处理和毒性等限制时，强烈推荐采用由有机染料分子结合的无机基质形成的杂化结构。这种核-壳结构具有通过将多个官能团结合到单个纳米颗粒中来设计新几何结构的额外益处。

在各种无机基质中，二氧化硅基质由于其生物相容性而被广泛研究。此外，二氧化硅可作为具有力学性能和化学稳定性的载体，从而保护封装染料免受外部干扰。荧光二氧化硅纳米颗粒由于其可调尺寸、光学透明度、高亲水性、生物相容性和低细胞毒性而在信息技术、生物技术和医学领域都有相关应用。

荧光油墨已被用作安全标记，目的是防止盗窃和伪造。最近的进展集中在有机荧光团包封的杂化结构上，因为与单一有机染料相比，它们增加了亮度和光稳定基质。染料与二氧化硅基质的共价键合或非共价键合可以容易地实现染料向二氧化硅基质中的结合。考虑几个优点，非共价方法是将荧光团封装在溶胶-凝胶衍生的胶体二氧化硅基质中的最佳方法[42]。

例如，一种由纳米结构的荧光二氧化硅纳米晶体制成的快干荧光油墨的简易配方如图2-15所示。通过精心选择有机载体组分，研制出适合丝网印刷的流变稳定的黏性油墨，然后将其印刷到各种刚性和柔性基材上。印刷膜的光致发光研究证实，配制的油墨组合物对荧光二氧化硅的激发性质没有表现出显著的影响。所开发的低成本、快速固化的荧光硅墨具有理想的发光性能，使其成为信息加密、光学器件和能量转换的合适候选材料。

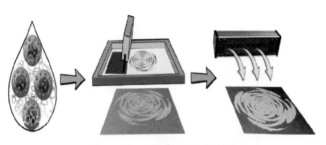

图2-15　二氧化硅纳米油墨

为了实现二氧化硅纳米颗粒的尺寸控制合成，进行了几项改进。其中，碳点和功能化碳点以及香豆素衍生物荧光油墨得到了广泛研究。2012年，首次制备出低毒性和生物相容的碳点荧光油墨的配方，并研究了其独特的荧光性能，以及其作为荧光油墨和电催化剂的性能。开发的无金属水溶性石墨氮化碳量子点作为不可见安全油墨，用于数据安全领域。某些研究报道了氮掺杂石墨烯点和镁-氮嵌入碳点分别用于防伪和铜金属感应（图2-16）。在防伪应用中，胶体光子晶体的喷墨打印得到了广泛的研究。选择荧光双层二氧化硅纳米粒子作为填料，十二烷基硫酸钠（SDS）作为分散剂，这种墨水具有稳定的发光性和低毒性。目前采用的基于核-壳结构的

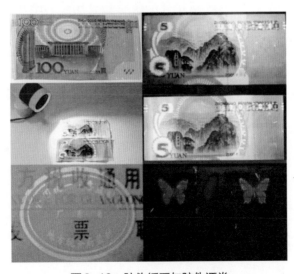

图2-16　防伪纸币与防伪证券

油墨是有利的，因为它防止簇形成[43]，该快干型荧光墨水具有荧光稳定性、在乙醇介质中溶解性好等特点，广泛应用于可打印荧光标签领域。

镧系元素作为金属配体，具有独特的价值。镧系元素有丰富的f轨道电子结构、较低的能量、丰富的能级，以及优良的热稳定性。特别是镧系元素有机配合物作为发光材料具备独特的光物理特性，如较大的斯托克斯位移、稳定的发射峰、较长的寿命以及强烈的发光和色纯度高等一系列的优点，且半数以上的元素4f电子可以激发出红外光或可见光，因此，镧系金属有机配合物吸引了光学、吸附分离和多相催化等多个领域的广泛关注。科学家借助镧系元素有机配合物的发光特性以及氯化萘所具有的特性[44]，制备出来新型氯化萘和镧系配合物，可用来增强防伪的效果。这种基于氯化萘和镧系配合物的混合水溶液可以在紫外光的照射下切换可见光与不可见光。研究表明，将氯化萘和镧系配合物结合起来可以在紫外光的照射下实现红色和绿色的切换，用来制作印章，双重防伪可以提高安全性。此外，这也在其他的光学器件和防伪制品中有着巨大的潜力。荧光油墨是通过将荧光颜料与高分子树脂黏结剂、溶剂和助剂研磨制得，可用丝网印版、凹版、胶版等方式固定在纸币、证券上。

指纹是个人识别的权威工具，因为每个指尖都有独特和不可改变的纹路。潜在指纹[45]（Latent Finger Prints，LFP）一般包括细节点脊线细节，如1级一般形态特征（右旋）、2级个人匹配指纹脊线（点、钩、分叉）以及3级脊线的所有属性（疤痕、毛孔、折痕）。由于手指被汗毛孔分泌的汗液所覆盖，因此潜在指纹是由手指触摸物体而形成的。即使彻底擦干手，也很可能会将LFP留在接触过的地方，尤其是物体的光滑表面。LFP是犯罪现场最常见的指纹类型，肉眼几乎看不见。因此，LFP的发展对于给刑事案件提供线索至关重要。

然而，定位一个潜在指纹是有挑战性的，因为它是肉眼不可见的。因此，通过物理或化学处理增强不可见指纹的可视化是必要的。常规的指纹粉是规则的、金属的和发光的颗粒。常规的指纹粉由黏合剂聚合物和用于对比的着色剂（如氧化铁）组成。金属粉末涉及网状金属（铅、金和银），有些具有高毒性，对用户的健康构成风险。这些粉末由于其非荧光性质、不均匀的尺寸和复杂的基底而遭受低分辨率、低对比度、低灵敏度和杂质干扰。到目前为止，荧光成像是检测LFP的常用方法。无毒发光材料是克服这些限制的可接受替代品，因为它们具有合适的粒径、良好的光化学稳定性。为在各种基质上以简单、便携和安全的方式精确快速检测可视化的指纹，因此，开发新的材料是迫切需要的。稀土离子由于优异的发射性能，已经被提出用于激活无机化学品。这类离子在电子光学、显示器、照明、激光、光学等领域具有广阔的应用前景。因此，将Eu^{3+}离子掺入晶体晶格中，研究其在潜在指纹中的红色发光特性是至关重要的。铌酸盐因高化学稳定性、良好的热稳定性和环境友好性而被视为基质材料。含铌氧化物通常表现出较低的声子频率，它可以有效地降低声子辅助非辐射跃迁的概率，这使荧光粉具有高荧光强度。

一位23岁的健康志愿者先将双手洗净，然后将食指放置在铝箔的疏水基底上，荧光粉已用研钵和研杵彻底研磨。接下来，将压碎的样本浸入纯羽毛刷中，轻轻拍打，并在铝箔上振摇，直到指纹显现。然后，使用单镜头反光照相机在日光和紫外灯（1W，395nm）的照射下显现指纹。图2-17是指纹显现的过程和荧光体的晶体结构。

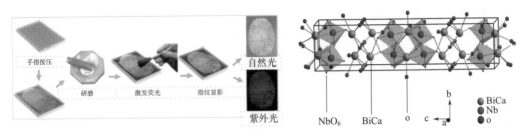

图2-17　日光与紫外灯下指纹显现的过程和荧光体的晶体结构

其实，不仅可以用紫外光激发荧光，红外光也同样可以激发荧光。红外激发荧光油墨又称反斯托克斯油墨。这种物质是由红外光激发的，和紫外光激发原理相同，都是一种光致发光现象[46]。红外激发荧光也可以和紫外激发一样产生多种绚丽多彩的荧光效果。唯一不同的是红外激发荧光是一种上转换激发荧光，需要吸收两个长波的红外光子来激发一个可见光的光子。红外激发荧光油墨有不同的种类，如红色防伪荧光油墨、绿色防伪荧光油墨、蓝色防伪荧光油墨。红外激发荧光油墨在原料制备、荧光检测、稳定性方面的优势还是比较明显的，具有更优异的防伪属性。

2.2.7　荧光增白剂

一说起荧光增白剂这种物质，大多数人都持有一种怀疑的态度。这种负面的看法在舆论的形势下显得更为严峻。下面从化学角度介绍这种拥有截然不同的看法的物质。

1852年，Stokes首次阐述了荧光相关的理论。1921年，Lagorio得出有些荧光染料有将不可见光转化为可见光的能力的结论。后来，人们就诧异地发现泛黄的人造丝浸入香豆素溶液中后，白光有了明显的提高。在随后的几十年里，荧光增白剂飞速发展，有人将活性染料、有机染料DPP和荧光增白剂称为20世纪后期染料界的三大成就。

首先，我们来聊聊荧光增白剂是什么。荧光增白剂是一种无色的有机化合物，它可以吸收人肉眼看不见的近紫外光产生荧光，可以使所染色的物质闪闪发光，让肉眼

看到的物质很白，从而广泛地应用于纺织、造纸、塑料及洗涤剂等工业。但并不是所有的荧光材料都可以用作荧光增白剂，需要化合物本身是无色或浅色，且与基底作用物具有较好的亲和性，相互也不发生化学反应，还要有较好的化学稳定性，只有满足上述条件的荧光材料才可以做荧光增白剂。目前，工业上所使用的荧光增白剂全部都是人工合成的有机化合物，这也是人们对荧光增白剂持怀疑态度的根源。

其次，我们可以了解荧光增白剂的增白原理。荧光增白剂其实利用了一种光学现象，所以也称光学增白剂，荧光增白剂是吸附在基底作用物上发挥作用。基底作用物一般发出微黄色光，也可以吸收约450nm的蓝色或蓝紫色的可见光，而荧光增白剂吸收350nm的紫外光，发出450nm的蓝紫光，由于互补色的光相叠加，形成白色的光，所以人眼感觉到白色的光增强了，与生活中常用的漂白剂的作用有所不同。但是，需要注意的是，若有颜色的基底作用物不经过漂白，是起不到增白的效果的。化学漂白剂实际上是氧化剂或还原剂，利用的是氧化还原反应，这就会导致基底作用物性质发生改变，从而失去颜色，在化学漂白的织物中，仍然存在轻微的黄色，这可能会降低其美学吸引力，而荧光增白剂不会对织物的组织进行破坏。值得注意的是，荧光增白剂对紫外光非常敏感，在长时间太阳的暴晒下，增白度也会因为荧光增白剂逐渐被破坏而下降。

按荧光增白剂的母体分类，大致分为以下几类：碳环类、三嗪基氨基二苯乙烯类、二苯乙烯-三氮唑类、苯并恶唑类、呋喃、苯。

其中，典型的以碳环类为母体的荧光增白剂包括1,4-二苯乙烯苯、4,4′-二苯乙烯联苯、4,4-二乙烯基二苯乙烯。此类荧光增白剂常用于塑料、涤纶纤维及树脂的增白。图2-18所示为三种碳环类荧光增白剂母体的结构。

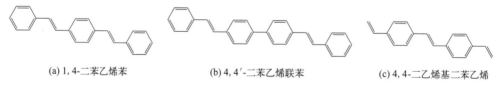

(a) 1,4-二苯乙烯苯   (b) 4,4′-二苯乙烯联苯   (c) 4,4-二乙烯基二苯乙烯

图2-18　三种碳环类荧光增白剂母体的结构

此外，市面上常见的还有三嗪基氨基二苯乙烯类荧光增白剂，也称DSD酸，这种类型荧光增白剂占到市场份额的80%，被广泛用于增白纤维素类纺织品、纸张、再生纤维及洗涤剂上，如4,4′-二氨基-二苯乙烯-2,2′-二磺酸与三聚氯氰的缩合物，其结构分别如图2-19、图2-20所示。

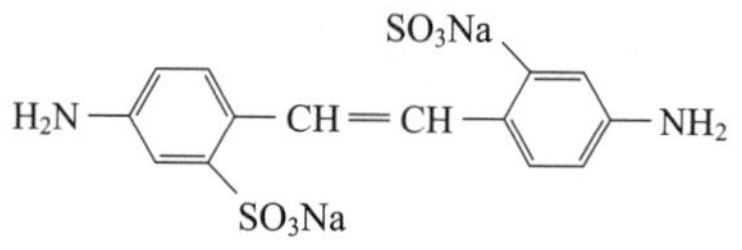

$$H_2N \qquad \overset{SO_3Na}{\underset{SO_3Na}{\bigcirc}} \quad CH=CH \quad \bigcirc \quad NH_2$$

图2-19　4,4′-二氨基-二苯乙烯-2,2′-二磺酸

图2-20　三聚氯氰的缩合物

目前，荧光增白剂的应用范围极广，需求量也日益增加，已经渗透到各个工业部门，与人们的生活息息相关。它们的用途非常广泛，包括各种增白纺织品、合成洗涤剂，提高了衣物的洗涤效果，增白纸张提高了白纸的商品价值。

荧光增白剂真的有害吗?

荧光增白剂为什么会有争议呢? 正是由于这些有机化合物染料具有潜在的致癌性和致突变性，在高浓度下，可能对水生生物产生负面影响。有机污染物的降解率非常低。在环境中，有机化合物可被阳光部分降解和异构化，但部分有机化合物可持续存在，并可在河流和湖泊水体中被发现。在生物处理厂，有机污染物只能通过吸附到污泥中而部分去除，可能需要三级处理才能完全去除。当有机污染物未被适当去除时，它们可在水生沉积物中被发现，从而影响动物和植物的生命。荧光增白剂（OBs）也可能影响生物系统中的微生物[47]。纺织品整理和洗涤行业是产生含有机污染物废水最多的行业之一。这些有机污染物大多用于棉织物的漂白，这些棉织物的洗涤脂肪含量较低。此外，它们也存在于家庭废水中，漂白残留废水或多或少会对环境造成危害。

总而言之，从发现夜明珠夜里发光到如今荧光材料的研究，人类经过了漫长的时间。除以上所述的荧光材料的应用之外，正在开发的以及未被开发的荧光材料在未来会有更多我们意料之外的应用，荧光材料前景可期。

参考文献

参考文献

Approaching Frontiers
of
New Materials

第 3 章

气泡声波
超材料

黄占东　宋延林

　　液体中的气泡具有非凡的与声波相互作用的能力。它可以作为声源去发射声波，作为声吸收体来降低噪声，也可以作为强散射体来散射声波。气泡内外环境密度有近千倍的差异，其产生的声学阻抗差异使它具有强大的声场耦合能力。气泡不仅产生了潺潺小溪的歌声，人们还能通过海洋的气泡声音去了解全球碳排放和吸收情形。在医学上，气泡对声波的强散射作用还可以用于医疗成像和诊疗[1]。

　　声波超材料是一种具有奇异声学特性的人工复合结构材料[2]。其以亚波长的结构单元实现对声波的灵活调控，并能产生反常规的性质，例如数值为负的密度和模量等，进而产生了诸多新奇的物理现象，例如入射和折射波位于法线同一侧的负折射现象、声波聚焦和声隐身等。

　　多年来，科学家们构建众多结构实现了空气中声波的灵活调控。然而，这些超材料却很少能应用于水中[3]。既然气泡具有如此优异的声波调控能力，那么如何以气泡为亚波长结构调控单元去构建声波超材料，实现水下声波的有效调控呢？下面就以气泡与声音的研究为源头出发，简述气泡声波超材料的构建历程。

3.1　气泡在"发声"

　　生活中，凡是有液体和空气接触的地方，总是很容易产生气泡。这是因为气泡仅是液体包裹的一团气体分子聚集体。通过把空气混入液体，或把液体中的极小一部分加热或压强突变使之汽化，气泡就自然形成了。但是，你想过没有，就像人类出生时总伴随着啼哭声一样，气泡产生时也会发出声音吗？

3.1.1　流水为什么会有声音

　　1933 年，荷兰科学家 Marcel Minnaert 发表了一篇著名的题为《气泡的声音及流水的响声来源》的论文[4]。他写道："物理学家几乎从未对流水的声音有过深入的研究，以至于我们对小溪的潺潺声、瀑布的咆哮声和大海的吟唱声一无所知。"

　　在此以前，已经有科学家们指出，流水的响声是因为液体下落时，夹带了空气而在液体中形成了很多微腔（图 3-1），这些微型气泡的界面可以像刚性壁一样发生振动而发出声音[5]。而 Minnaert 认为这个理解是错误的。因为依据刚性壁的假设所计算出的气泡发声频率远远超出了人类的听觉范围，不可能让小溪产生听起来舒适解压的潺潺声。

　　由此，他提出了气泡脉动理论（pulsating theory），即气泡的壁不是刚性的，而是弹性的。气泡像一个弹簧在扩张和收缩，就像脉搏的跳动一样（图 3-2），后人又把它称为呼吸振动模式（breathing mode）。Minnaert 假设此气泡连同周围的水是一

图3-1 流水中的微型气泡

个弹簧谐振子，其振子质量和整个水的质量有关，而弹簧的振动是由气泡边界的移动完成的。利用最大膨胀时体系的弹性势能和平衡位置处的动能相等的关系，他计算出了气泡的共振频率。

随后他进行了实验验证（图3-3），A处漏斗中的水在重力作用下通过BC段而挤压D处的空气，从而在E处产生气泡。研究发现，气泡从E处刚鼓出来的时候是没有声音的，只有当气泡脱离E的开口，界面闭合的时候才会出现响声，这和人们的直观想法是不一致的。他通过使用图示M和L型装置精确测定了气泡的体积，测出这个尺寸下发出声音的对应频率，发现跟理论吻合得很好。

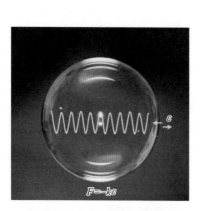

图3-2 水中气泡在"脉动"

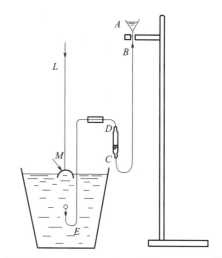

图3-3 Minnaert验证脉动理论的装置[4]

至此，流水的声音来源就变得清晰了。由于流水的扰动，一些空气被夹带其中形成了很多微气泡，这也被后来的高速摄像机证实[6]。这些气泡产生时，就像具有生命一样，好似肺部在呼吸，心脏在跳动，向外界发出声音信号。然而，这声音对应的波长却是气泡自身半径的460倍，因此它具有亚波长（低频）共振的特性，这是构建声波超材料的关键。

由于Minnaert的贡献，单个气泡在水中的共振被命名为Minnaert共振。此共振是由于气体具有"弹簧"的作用，可以直接由气体的绝热方程推导出来。与此共振结构类似的是亥姆霍兹谐振腔，它是以腔体里的空气为弹簧，腔体开口处空气质量为振子组成的谐振结构。它在空气声学中具有广泛的应用，很多管乐器及吉他等的设计，甚至人体活动如唱歌、吹口哨、打响指等，都与谐振腔结构有关。

3.1.2　蒸腾作用下，植物会"说话"

Minnaert共振给出了一个气泡在无限大的水域下被扰动所辐射的声波的频率。而在实际情形下，气泡所处的环境是多种多样的。因此，科学家研究了不同环境下气泡的发音频率，对原理论做了很多修正。例如，气泡小于0.1mm时考虑了表面张力的影响；黏附在固体界面时，需考虑非球形振动；夹在两个平板之间的气泡要考虑所激发的固体振动[5,7]等。

在这所有的修正中，有一类模型十分值得关注。它是一个由固体包裹着液体，液体包含着微气泡的模型，这是为了研究植物的木质部导管中气泡的声学行为[8,9]。那么为什么在植物体内会产生气泡呢？

原来，由于植物光合作用时水分的利用效率很低（固定1mol二氧化碳分子需要消耗多达200～400mol水分子），因此需要借助蒸腾作用把大量的水从根部向叶子部位运输[10]。当蒸腾作用很强时，植物叶部失水严重，就会靠增大吸力来增加水分的运输。因此在木质部导管内，通常存在很大的负压，也称张力[11]。当张力超过一定范围时，就会在导管内产生空穴来释放压力，即产生微气泡（图3-4）。

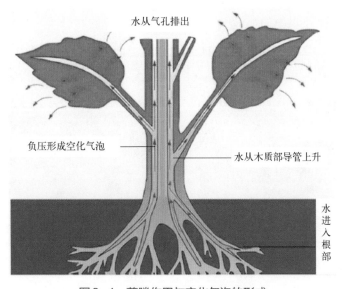

图3-4　蒸腾作用与空化气泡的形成

此气泡的产生同样会发出声音，即蒸腾作用下的声发射（acoustic emissions）现象，所辐射出的声波频率和强度与植物种类有关。研究发现，蓖麻叶片在蒸腾萎蔫时产生了频率约3kHz的声波。但是发声较弱，其时长也较短（毫秒级别），需要靠灵敏的仪器才能侦测到。另外，通过在叶柄处加水来减少内部张力，此辐射声波的现象可以减缓或停止[12,13]。然而，与欢快的溪流声不同，植物这种空化气泡的声音更多的是一种"求救信号"。因为植物需要在木质部导管中充满水来提供吸力的连续性，而一旦导管中出现一个小气泡，这种小气泡会迅速扩大并导致栓塞，使导管吸力消失而失去运输水分的功能。当活性导管减少到一定程度时，植物就会落叶和缺水死亡[12]。因此植物防止空化气泡产生的能力被认为是抗旱能力的一个重要指标。

3.2 孜孜不倦地探索

自从气泡与声音的关系被揭示以来，研究者没有停下对气泡奇异声学性质的探索。然而，由于气泡在水中无法按照人们的意愿去操纵，其声学研究大多集中在理论层面。

例如，有学者指出，假设把气泡在空间内按照等间距排列，形成三维的气泡晶体结构（图3-5），那么某些频率的声波将无法在此空间内传播，这个不能传播的频率范围就叫作声子禁带。研究还进一步显示，气泡晶体的禁带宽度是目前已知材料中最大的[14,15]。换句话说，它在水下对声波的隔绝效果是极好的。

还有专家预言[16,17]，如果把气泡排列成金刚石分子的结构（图3-6），或形成无序结构，发现在某些频率范围内，声波的折射率竟然为负。他们还指出，利用此负折射效应，可以使水中的声波聚焦，从而实现声音的高分辨率成像。

还有的学者针对水中气泡的耦合共振和声辐射行为做出理论推测[18,19]。然而由于气泡并不会乖乖地"受人摆布"，因此其声学应用很难实现，甚至理论结果难以

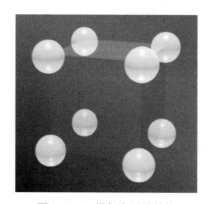

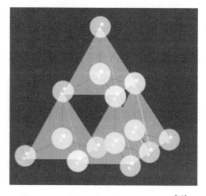

图3-5　三维气泡晶体结构　　　　　图3-6　气泡金刚石分子结构[16]

进行实验验证。同时，为了克服这些困难，研究者们也尝试了很多方法来获得稳定的气泡，例如用网兜去网住气泡（图3-7）研究其声学行为[20]，利用黏稠的液体来减缓气泡的运动[21]，以及使用较软的固体代替水的方法[22,23]，然而这些措施虽然较大地改变了介质或气泡的性质，却难尽如人意。

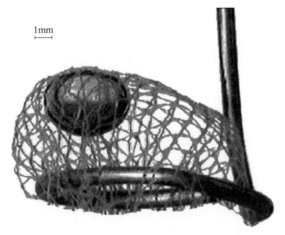

1mm

图3-7　早期的气泡声学实验研究方法[20]

3.3 "桀骜不驯"的气泡

　　由于气泡难以操控，对其声学性质的过多理论探讨就显得"纸上谈兵"了。因此，实验条件的局限性也影响着气泡声学性质的理论发展。下面我们就来了解一下气泡为什么如此"桀骜不驯"。

　　① 浮力下的不稳定性。由于气泡内的空气密度约是水密度的1‰，气泡在水中总会因浮力而自发上升，直到漂浮在水面上破裂消失。虽然随着气泡的尺寸减小，其上升的速度会逐渐减慢，但是稳定性依旧很差。

　　② 附加压强与奥斯瓦尔德熟化。即使克服了气泡的浮力问题，气泡又遇到了附加压强带来的麻烦。为了使表面自由能最小化，水中的气泡通常保持着球形，因此其表面是弯曲的。这样，为了保证气液界面处的力平衡，在界面上会产生一种附加的压力，使气泡内的压强大于周围液体中的，这个内外压强的差值就被称为附加压强。它的大小与界面的曲率半径r成反比，如图3-8所示。

　　附加压强的规律说明，自由的气泡，体积越小，其所对应的曲率半径就越小，所以内部的压强就会越大。因此，当气泡小到一定程度时，内部的压强就非常大了。例如，纯水中的半径为1μm的气泡的附加压强可以超过1个标准大气压。当气

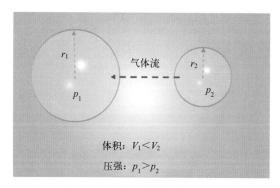

图3-8 气泡的体积与压强关系

泡内压强很大时，会让气体溶解在水中而使气泡消失。

同时，由于不同大小的气泡内部压强是不同的，气体会在压强差的作用下，由小气泡向大气泡中传输。最终，小气泡会被大气泡慢慢地消耗掉，这就是气泡的奥斯瓦尔德熟化现象。如果把气泡大小当作一种生存能力强弱的表现，那气泡中就好似一直存在着"大吃小"的"弱肉强食"现象。

奥斯瓦尔德熟化现象表明，对于液体中的气泡，即使互不接触，只要其尺寸不均一，气泡都在缓慢演变。其过程是，小气泡中的气体先溶解进液体中，然后在大气泡中慢慢析出[24]。随着演变，大小气泡中的压差会越来越大，小气泡也会消失得越来越快。若时间允许，最后所有气泡都会被"吃掉"，形成一个大气泡。

③ 气泡膜破裂引起的合并。与奥斯瓦尔德熟化中大气泡"蚕食"小气泡不同，气泡膜的破裂就是气泡之间的"鲸吞"过程了。一旦气泡相互接触，气泡膜就有可能发生破裂，两个气泡就会立即合并成一个大气泡（图3-9）。由于球形的表面积是所有形状中最小的，所以形成的气泡表面积小于两个原气泡表面积的总和，这是表面能降低的自发过程。

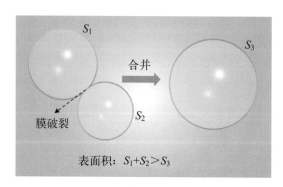

图3-9 气泡的膜破裂合并过程

其实，无论气泡是因浮力而上升，还是奥斯瓦尔德熟化，抑或气泡的突然合并，都是体系总能量降低的过程。所以水中的气泡是一个亚稳态的体系，这就是气泡"桀骜不驯"品性的来源。

3.4　固体微结构——气泡的"驯化师"

增强气泡和泡沫的稳定性一直是界面物理化学领域重要的课题，人们已经取得了极大的进步[25]。例如表面活性剂的发现，其不但能显著降低液体的表面张力，还可以在气泡膜上提供静电排斥作用，大幅增大气泡相互合并所需的能量。还有增稠剂的使用可以增大黏度来减缓气泡的运动速度，也可以减缓气泡熟化过程。

近年来，随着微加工、3D 打印等技术的发展，人们可以在亚毫米甚至亚微米尺度加工平面或立体的固体微结构，并在各个研究领域大放异彩[26]。下面介绍利用固体微结构实现对气泡的"驯化过程"。

3.4.1　压强驯化：打破体积与压强的关联性

前面提到，附加压强和界面曲率半径 r 成反比。由于自由状态的气泡呈球形，故气泡体积 V 越大，曲率半径 r 也大，所以，体积越大，附加压强 p 就越小（图 3-8）。那么，有没有可能出现气泡体积越大，曲率半径越小的情形呢？

为了研究这个问题，作者研究团队设计了有很多微米柱子的固体表面，并使它形成一定高度的准二维密闭空间，研究气泡在其间的生长情况[27]。这些柱子就像丛林中的一根根树桩一样，当遵守"弱肉强食"的丛林法则的气泡增大到一定程度时，就会与之接触而发生变形，无法继续保持球形，如图 3-10 所示。

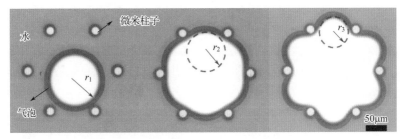

体积：$V_1 < V_2 < V_3$

压强：$p_1 < p_2 < p_3$

图 3-10　微米结构打破气泡体积与压强的传统关系[27]

当气泡没有填满微米柱子围成的六边形时，曲率半径可以随体积的增大而增大，而一旦和柱子接触，其曲率半径反而变小了，这就打破了体积与曲率的正比关系。同样，附加压强也出现了与图 3-8 相反的关系，即图 3-10 中的越大的气泡，其内部压强越大。所以，固体微结构打破了气泡内体积与压强的关联性。

3.4.2 演变驯化：从"弱肉强食"到"限富济贫"

气泡的压强得到了"驯化"，那么气泡的演变过程也必然会受到影响。气泡奥斯瓦尔德熟化规律是气体从压强大的气泡向压强小的气泡中运输。图3-10中，体积大的气泡内部压强较大，所以必然会出现气体从大气泡向小气泡传输气体的过程，即小气泡在增大、大气泡在减小，这种现象也被实验观测到[27]。所以，微结构打破了气泡群体中"大吃小"的"弱肉强食"的演化规律。

由此，作者研究团队勾勒出了气泡在微柱结构中的演化图景（图3-11）。当气泡在微柱"丛林"中生长和演变时，在气泡较小的情况下，遵守着传统的"弱肉强食"的"丛林法则"，但是，一旦其尺寸增大到微柱围成的多边形尺寸时，就丧失了继续"蚕食"其他小气泡的能力。因此，小气泡得以存活和继续生长，直到填满所有多边形结构。因此，这是一种"限富济贫"或"共同富裕"的演变模式。此结果被理论模拟和实验成功验证[27,28]。

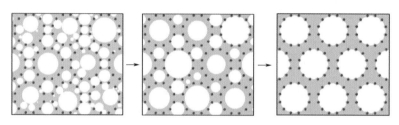

图3-11　固体微米柱结构下的"限富济贫"演变过程[27]

3.4.3 浮力驯化：从"飘忽不定"到"安定自若"

能否在水环境的三维空间里，有效控制气泡的位置并使之稳定存在，是实现其声学应用的关键因素。虽然在外场（如声、光等）有可能捕获一些气泡，然而其低效率难以满足实际应用的需要[29]。因此，作者研究团队把目标放到自然界的超疏水结构上。

荷叶的超疏水性质已经有了十分广泛的研究，其表面具有很多微纳米级别的凸起，它让水无法真正接触到荷叶表面，因此不易被水浸湿。如果把荷叶一半插到水里，能看到其表面好似有一个银色的涂层，这个涂层就是空气层，厚度为数十微米，其银色是源于气层对光的反射作用（图3-12）。

如果对荷叶的表面微结构进行改造[31,32]，使固体表面上选择性地分布疏水微柱结构，当水从侧面流过时，那么有微柱的部分水就无法浸入而形成气泡，没有微结构的部分就会布满水，从而形成气泡的准二维阵列结构（图3-13）。通过改变微柱的排布，就可以调节气泡的位置、大小和形貌。

在三维气泡的形成方面，自然界也给了人类很多启示。如图3-14所示，水蜘蛛利用表面具有疏水性的腿、尾和头等部位形成立体性的支点，可以从水面上抓取气

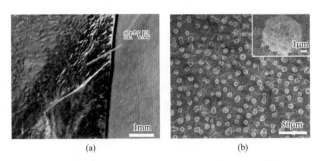

图 3-12　荷叶的不润湿性和表面微纳结构[30]

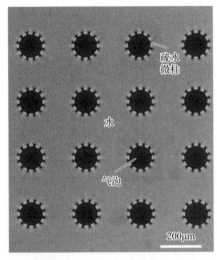

图 3-13　水对固体微结构选择性浸入形成的准二维气泡阵列[31]

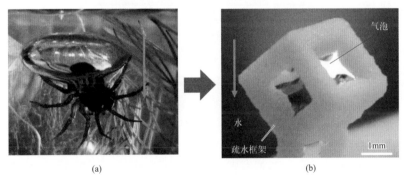

图 3-14　水蜘蛛和疏水立方体框架"捕获气泡"[33-34]

泡，供其水下呼吸[33]。这表明疏水结构对气液界面的作用具有长程性，并不一定只存在于微米级的结构。受此启发，作者团队构建了疏水性的立方体框架，其尺寸在毫米级别，让其慢慢地浸没在水中，便可在立方体内部形成一个完整的气泡[34]。

这样一来，利用3D打印技术打印框架结构使之相互连接，便能随心所欲地制备气泡晶体结构了。由于疏水表面对气泡具有很强的黏附作用，这就使固气结构可看成一个整体。因此就可以使用密度大于水的固体提供的重力作用，来平衡掉气体密度小带来的浮力作用，使体系平均密度和水相当，气泡便能稳定地停靠在水中了。

另外，界面作用使气液界面不再弯曲，几乎是平整的，因此其内部的附加压力很小，这就减弱了气泡之间的奥斯瓦尔德熟化过程[35]，整个体系的力学性能和抗干扰能力也得到了极大的增强。如果给立方体框架加上磁性，气泡的位置还能远程进行动态调节[36]。

3.5 神奇的气泡声波超材料

上面提到，固体微结构在抵消气体浮力、减小界面附加压强、弱化奥斯瓦尔德熟化、避免气泡接触合并、增强机械稳定性等方面可以发挥重要作用。因此，利用微结构所制备的气泡，其稳定性足以让我们从实验方面研究和验证气泡声学理论，来实现声学应用。

然而，固体微结构所制备的气泡毕竟并不是"原汁原味"的水中球形气泡，使用它代替水中的原气泡还需要注意一些问题。首先，微结构所限域的"多面体气泡"能否和自由的球形气泡一样，具有低频的共振特性呢？

为此，法国的一个研究团队研究了正方体或其他多面体气泡的共振频率和球形气泡 Minnaert 共振的差异，发现它们共振频率虽然略有差异，但是低频共振特性可以保留，一个多面体气泡的共振频率和同体积的球形气泡共振频率相当[35,37]。

其次是固体结构自身的影响。一方面，液体和固体之间的声学性质差别没有它们和气体之间的差别大，所以，固体在水中对声波的影响会远远小于其在空气中的影响。另一方面，气泡共振所对应的声波波长远远大于固体结构的尺寸，因而固体框架对声波的传播影响较微弱。

最后，虽然气泡的稳定性得到了提高，但是气泡内的气体依然受到气体状态方程的限制。随着压强增大，气泡体积会不断被压缩而减小直至消失，因此"多面体气泡"难以应用于深水中。下面就以浅水（深度小于10m）中的环境为背景，讲述作者团队与青岛大学赵胜东团队、加拿大工程院院士杨军团队、西安交通大学航空航天学院蔡小兵团队开展合作，共同构建气泡声波超材料的几个例子。

3.5.1 水下的声波"反射镜"

生活中，声波反射现象是很常见的。例如，在空荡的屋子里，墙壁的回声可以和原声叠加而使声音增强。在冲澡时唱歌，由于墙壁、地板和水珠对声音的反射可以增大声音的混响度，因而歌声会变得好听。在空旷的广场或野外高喊一声，也能轻易地听到自己的回音。人们还能仿照蝙蝠利用反射超声波定位的方式，开发出超声波雷达，用来测算距离和速度等。总之，在空气中，只要不是频率特别低，声波反射总是很容易实现的。

然而，到了水中就没那么简单了。这是因为物体对声波的反射能力和自身的声阻抗（声阻抗＝声速 × 密度）有关。在空气中，水等液体的声阻抗约是空气的 3600 倍，玻璃等固体的声阻抗更是空气的数万倍。当声波作用在液气或固气界面上时，声波因声阻抗不匹配绝大部分都被反射了，因此空气中声波反射较容易。

而在水中，固体与液体的声阻抗差异最人也不过数十倍，一些密度小的固体如尼龙等，声阻抗甚至和水差别不大。所以，在空气中反射声波很好的固体材料，在水中的效果可能会大打折扣。那么如何提高固体在水中对声波，特别是低频声波的反射能力呢？

2009 年，加拿大 Page 教授课题组研究了水中一层气泡对声波传播的影响[21]。他们发现，这层气泡在某频率范围处，声透射率很低，即反射率很高。此频率和单个气泡的 Minnaert 共振有关，并受气泡之间耦合共振的影响，具有 Minnaert 低频共振的特点。其强反射的声波波长是气泡半径的上百倍。然而，他们制备的气泡难以稳定存在而无法实际应用。

作者研究团队借助此原理，制备了微结构限域下的单层气泡（图 3-13），实现了低频声波的强反射[31]，结果如图 3-15 所示。由于气泡的大小对应着共振频率，而气泡间距影响着气泡之间的共振耦合作用，通过微结构的设计来控制气泡大小和间距，就可以实现声波反射频率的精确调控。

而且，由于气泡受到微结构的约束，不一定要保持球形。说明调整气泡的大小可以通过增大气泡的横向尺寸，而不一定非要增大样品的厚度。因而可以使用超薄的材料实现对低频声波的反射，其波长甚至能达到气泡厚度的 3000 倍，远大于 Minnaert 共振效应的低频效果。此气泡结构被称为气泡声反射超表面。把它贴到固体表面上，就如同一个特定频率声波的反射镜一样，极大地增强了物体对声波的反射能力。

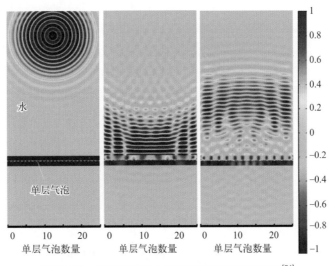

图 3-15　单层气泡对水下物体的增强反射效果[31]

因此，它有利于提高水下声呐对物体的探测灵敏度。例如，飞机失事后，黑匣子在电池耗尽后，只能靠声呐去寻找。而表面的这层气泡能够增强特定频率的反射，使黑匣子就像黑夜中的一面镜子，在遇到光照时比较容易被探测到似的。而且，物体表面的声学特征可以利用这层气泡的大小去编码，从而可以识别和定位水下的物体。

3.5.2　在水面上为声音"打开一扇窗"

前面的反射超表面是单层气泡在水中的情形。作者研究团队通过实验和理论还证明，如果把这层气泡放到水面附近，它能增强声音在水和空气之间的传输效果。那么，声波在水和空气之间的传输为什么一定需要增强呢？

首先来看为什么要研究水下声波。这是因为声波是水下通信的有效工具。虽然在空气中，电磁波和声波都可以作为载体来传播信息，然而由于电磁波在水中随着传播距离衰减很快，水中的信息传递只能依靠声波来进行。因此，声波是一个通用工具，可用于海洋、大气和陆地之间的直接信息交流。

然后再看水气界面声透射效率。当声波遇到水面时，只有约0.1%的能量能够透射，绝大部分都被反射掉了，透射率极低。声波穿过水气界面的损失约30dB，这损失对声音传播来说是很大的。例如，对于一个频率为500Hz的平面波，其在均匀海水中的声波吸收约为0.025dB/km，那么声波穿越水气界面的损失相当于此声波在海洋中传播1200km过程中海水吸收所造成的损失[38]。因此，水气界面是声波传输中难以逾越的屏障。

声音在水气界面的低效率传输是符合我们的生活经验的。例如，洗头时不小心耳朵里被灌进了水，外界声音就变小了很多。对于岸上喧闹的游泳场馆，一头扎进水里，顿时就会感到十分安静，仿佛置身于一个无声的世界里。当浮出水面，喧闹声又会瞬间而至。

"路人借问遥招手，怕得鱼惊不应人"。这首出自《小儿垂钓》的诗句表述了一个小孩子在水边专心钓鱼，怕惊动了水中的鱼而拒绝路人问路的故事。其实古时小儿的担忧是不太恰当的。

这是因为声音垂直透过水气界面时，其损失约为30dB，斜入射则损失会更多。人正常说话声音为40 ~ 60dB，由于人声不会垂直入射到水面上，因此透过水气界面损失巨大。而且声音从空气入射到水面上还存在着全反射现象，其全反射临界角很小（约为13°），即入射角大于约13°时就会被全反射掉，因此声音几乎都被水面反射掉了。所以，即使鱼能听到来自岸上的人声，这声音也是极其微弱的。

这首诗既然能从唐朝到现在，流传了1000多年，说明它在某种程度上应该是符合人类生活经验的。也就是说，鱼是有可能被岸上的活动"吓跑"的。作者斗胆推测，这惊吓应该来自岸上人的脚步。如果在说话的同时还在踱步，那么脚步引起的振动就会从地面传到水里，从而惊动鱼儿。因此，要吓走鱼儿，在岸上跺一下脚，或敲一敲鱼缸，会比在周围说话更有效。

因此，钓鱼小儿的正确做法应该是，让路人站住不要靠近，问完路再离开就可以了。

讲完了生活中声波在水面难以入射的例子，下面讨论一下作者研究团队利用气泡结构增强水气界面声波传递的研究工作。

如图3-16所示，使用带有中空结构的3D疏水框架在水中捕获一层气泡，通过调控重力和浮力，此气泡层在水中的浸没深度能被精确地控制。这时，就形成了以空气层为弹簧，以上面的水为质量的弹簧振子系统，在其共振频率附近，声波就可以高效率地穿过。具体原理是，声波在两个气液界面处的反射波的振动相位差为π，发生了相干相消作用。而在共振频率处，声能密度增大，气泡层向外辐射声波，从而增大了透射率。

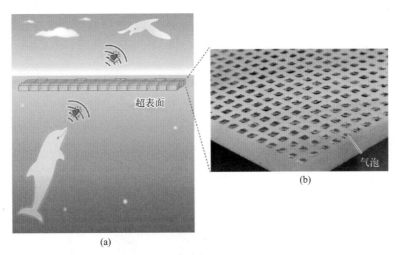

图3-16 水面附近的单层气泡充当"声窗"增强声音的透射[36]

通过调节浸没深度，系统的共振频率可灵活地调控。由于声波增透效果具有鲁棒性，即只要在共振频率处就有增透效果，因此通过简单调节浸没深度，就可以实现工作频率的调控。作者展示了一个用固体框架制备的结构，通过调节深度就可以在200～1000Hz工作，声音透过增强都在20dB以上。

同时，此结构还允许从水中向空气中的宽角度入射，这是由于声波在水气界面全反射临界角很小的原因。根据斯涅尔折射定律，当全反射临界角很小时，声波从水中以不同角度向空气中入射时，通过气层的路径并没有发生大的改变，因而声波相位改变量没有发生很大变化，从而对工作频率和增透效果并没有太大影响。

此用于增透声波的气泡结构被称作气泡透射声波超表面。其气层厚度约为声波在水中波长的1‰，它好似在水面处为声波传输打开了一扇"窗户"，使声能透过率提高了200倍，在水声学、通信工程、海洋生物学等研究领域具有重要意义。

3.5.3 荷叶等超疏水结构的"声增透"现象

前面的结构中，弹簧振子系统是由空气层作为弹簧，空气层上面的水层作为质量振子组成的。由于这层气泡非常靠近水面时，就会受到界面张力的影响难以稳定，所以其工作频率一般在1kHz以下。而对于水下声呐，其工作频率通常在10～100kHz，那么如何提高超表面的工作频率，使之能用于声呐通信和成像呢？

一个方法是利用高精度3D打印技术，制备微米级别厚度的气层来增大弹簧的弹性，并把它浸没在距离水面亚毫米高度的位置，来减小弹簧振子的质量，从而提高系统的共振频率。然而，无论是高精度加工方法，还是对浸没深度的精确控制都需付出极大代价。基于多年来对表、界面的认识，作者研究团队意识到荷叶等超疏水结构很可能满足上述要求。

当把荷叶插入水中时（图3-12），在荷叶表面就会形成一个气层，经过激光共聚焦显微镜表征，发现其厚度正处于数十微米级别。如果把荷叶倒扣在水面上，那么在荷叶和水面之间就会形成一层满足上述要求的气层。而荷叶自身厚度在亚毫米级别，密度和水差别不大，正好可以充当满足上述要求的质量振子。这样一个共振体系就形成了，其共振频率在几十千赫兹，透声原理和上一部分中的气泡透声超表面类似。

于是，作者研究团队做了详细的理论分析（图3-17），预测其在约28kHz处有一个透射增强峰，这被青岛大学赵胜东团队的实验所验证。他们还做了对比实验，若去除掉这个微米级的气层，其声增透效果就会消失，验证了气泡在此超材料中的关键作用。此结构也被命名为荷叶透声超表面。

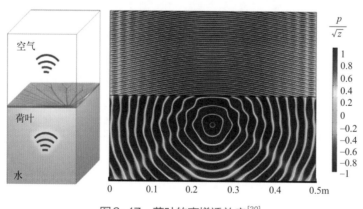

图3-17　荷叶的声增透效应[30]

荷叶具有季节依赖性、结构脆弱性、物理参数难以调控等弱点。而且，其自身的振动频率会对增强效果产生不良影响，因此寻找替代性人工材料具有重要的实用价值，人工超疏水结构如超疏水铝片就被自然地采用了。

铝的模量比荷叶大5个数量级以上，因而可以忽略自身振动对透射效果的影响。另外，铝片可加工性很强，其超疏水结构可以利用激光刻蚀、湿法刻蚀和喷涂法等很容易制备，而且其疏水结构和自身质量可以灵活地改变，从而可调控工作频率。

在实用性方面，由于此超表面位于水面上，所以通常影响水下超疏水结构稳定性的因素，例如水压、空气溶解性和水温等，对此超表面几乎没有影响。唯一需要注意的是，此超表面需要结构可以自发地漂浮在水面上，所以构成此超表面的固体密度不能过大。

此超疏水透射超表面在水气之间的声呐通信和成像方面具有重要的应用价值（图3-18）。例如，此超表面可以用于机载声音传感器系统对水下物体进行检测和成像。在通常情形下，约99.9%的声能会直接被水-空气界面反射，因此不可能从空气中对水下物体进行成像。

而使用此结构，则有望实现在空气中对水下物体（如鱼群等）进行成像，并在黑匣子电池耗尽时对其进行水下成像。对于声呐通信，此超表面可实现水下物体与水面物体之间的通信，以及实现水下机器人的远程操作。最后，来自海洋勘探、海洋石油平台的人为噪声会在水面和海底之间反射，从而传播很远的距离影响海洋生物。而此结构可以在第一次反射时，就把声波传播到空气中来降低水中的噪声。

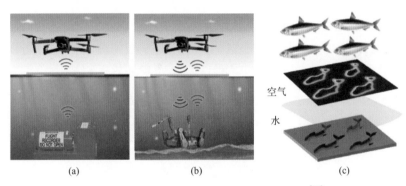

(a)　　　　　　(b)　　　　　　(c)

图3-18　跨水气界面超声成像的模拟演示[30]

3.5.4　三维气泡声子晶体

前面指出，相同的固体在水下对声波的反射能力会比空气中差很多。这是因为在水中，声波对固体的穿透性更强，所以水下隔声会比空气中困难得多。而且由于水对声波衰减较小，声波通常可以在水下传播很远的距离。

例如，超声波在海水中通常可以传播到数十公里远，而且低频声波如次声波等，甚至可以绕地球几圈进行传播。那么对于水下的设备，减弱其产生的噪声，对于海洋军事安全、保护海洋生物等方面具有十分重要的意义。

科学家已经预测，如果水下的气泡制作成三维晶体结构排列，将会是很好的隔音材料，具有目前最宽的声子禁带结构。那么如何对其进行实验验证呢？

为此，作者研究团队把图3-14中立方体框架用连接杆连接起来，制备成三维空间结构。当其浸没在水中时，由于疏水界面作用，水无法浸入立方体框架里，就会在每个正方体中形成一个气泡，这样就形成了三维的气泡晶体结构（图3-19）。

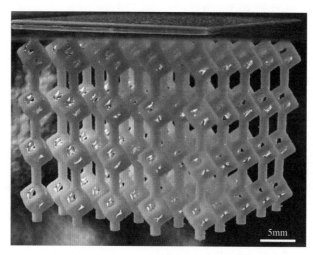

图3-19　构建三维气泡晶体结构[33]

理论和实验证明，就像纯气泡形成的三维声子晶体的宽带隙一样，此结构中，频率为2～26kHz的声波无法传播，其带隙宽度是一般声波超材料的数十倍。

此结构不但屏蔽了外界的声音，而且还允许与外界进行物质和热量交换。因此它可以在水下构建一个供海洋生物生存的"无声"区域。其物质和热量交换可以通过气泡之间的背景介质水进行，其隔声可通过间隔的气泡阵列来实现。它就如同我们在空气中构建了一个透气隔声的窗户，不但能降低外界噪声，还能透气和散热。

在目前研究的很多声波超材料中，大部分都是针对空气中的声波设计的。它们的设计原理通常假设其固体结构表面为硬界面，也就是说对声波是全反射的。但是这些结构放到水中，所形成的固液界面就不能看成是硬界面了，所以其通常会失效，在水中应用十分受限。

而此方法为水下声波超材料的设计提供了新的思路。通过利用3D打印技术和表面的疏水处理方法，制备气泡结构，即可构筑水下声学超材料。通过对固体结构的设计，就能精确控制气泡的位置、大小和形状，从而可以开发更多的声学性能，以精确的方式构思、设计和制造水下声波超材料。

展望

就像空气里的很多声音的产生都和亥姆霍兹谐振腔有关，液体中的很多声音通常都和气泡的振动具有密不可分的关系。亥姆霍兹共振腔作为谐振单元已经在空气声学中发挥了重要作用。基于它，人们设计了很多空气声学超材料，其声学应用也是精彩纷呈。而气泡作为水下的共振基元，其所提供的软性气液界面对声波的强散射行为，必将在水下声学超材料的构建中发挥重要的作用。气泡的形态、排列、所处的位置和环境不同，使其对声波的调控也大相径庭，从而可以实现对声波的各种调控，解决水下声学的相关难题。

同时，气泡控制技术的出现也为开发更多基于气泡声学的器件奠定了基础。然而，目前的气泡仍然只能用于浅水表面，其结果也大多只能用于实验验证。对于实用化应用，需要更多替代性的材料或和目前固体材料相结合[40]等。虽然气泡声学超材料还存在诸多限制，但是它依旧为我们研究水下声学打开了一扇充满想象的大门。

参考文献

参考文献

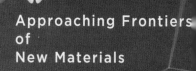

Approaching Frontiers of New Materials

第 4 章

拓扑量子
材料

冯 硝　徐 勇　何 珂　薛其坤

4.1　物理和数学上的拓扑概念

以固体材料为主的凝聚态物理，主要研究对象是由大量粒子组成的体系，主要研究内容包括对物态做分类、探索新奇物相、理解相变规律等。在很长一段时间内，基于"对称性"和"序参量"的朗道相变理论被认为是凝聚态物质分类的"终极理论"，直到拓扑量子物态被实验发现。最著名的例子是整数量子霍尔（Quantum Hall，QH）效应的实验发现。1980年，Klaus von Klitzing等[1]发现，在极低温、强磁场下，$Si\text{-}SiO_2$界面反型层中二维电子气会展示出量子化的霍尔电阻平台 [$\rho_{yx}=h/(ve^2)$，式中，h 为普朗克常数；e 为基本电荷；v 为非零整数]，并伴随零纵向电阻（$\rho_{xx}=0$）的出现。类似的量子化现象可以在不同二维电子气体系中观测到，表现出物理上的普遍性和鲁棒性。更为重要的是，在相变前后不对应任何自发对称性破缺，无法用经典的朗道相变理论描述。超越朗道范式的拓扑量子相变理论也因此诞生。

在数学上，拓扑学利用"等价"的概念讨论与描述整体几何特性。一般来说，对于任意形状的封闭曲面，通过计算闭合曲面上的高斯曲率积分，可以得到一个拓扑不变量，即亏格 g（genus），表示曲面上"洞"的数目，可用于实空间几何体的分类。在固体材料中，基于电子布洛赫波函数在动量空间的贝里（Berry）曲率，可以描述固体能带的几何特性并对其做拓扑分类。Thouless、Kohmoto、Nightingale 和 den Nijs 等[2]（简称 TKNN）发现：在二维量子材料体系中，当哈密顿量连续改变但保持能隙不闭合时，利用久保（Kubo）公式做霍尔电导计算，能得到量子化的值——$\sigma_{yx}=ve^2/h$。式中，v 为 TKNN 不变量。从几何学视角来看，将二维绝缘体中占据电子态的贝里曲率在整个布里渊区做积分，根据高斯-博内定理，该积分会给出一个量子化的贝里相位——$2\pi C$，式中，C 为拓扑学中的陈（Chern）数。霍尔电导有正常（外磁场诱导）和反常（磁性引起）两类贡献机制，反常霍尔电导又分为外在的（源自杂质散射）和内禀的（源自贝里曲率）贡献。由此可见，量子化的霍尔电导与量子化的贝里相位同根同源，TKNN 不变量即陈数，这也将物理和数学上拓扑的概念统一在一起。

从整数 QH 效应实验发现至今，已发现相当多的拓扑量子材料和新奇的量子效应（图 4-1）[3]，使拓扑量子物态成为凝聚态物理研究的焦点与前沿。其中，磁性拓扑材料中手性无耗散边缘态可实现低能耗电子器件，拓扑超导体系中则存在马约拉纳零能模，与拓扑量子计算密切相关，它们是拓扑量子物态两个重要的发展方向。

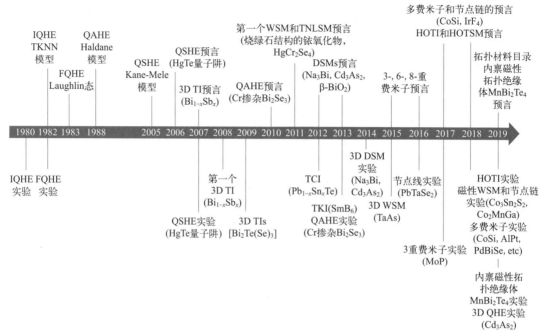

图4-1 拓扑量子物态领域发展时间表（修改自参考文献［3］）

IQHE—整数量子霍尔效应；FQHE—分数量子霍尔效应；QAHE—量子反常霍尔效应；

QSHE—量子自旋霍尔效应；TI—拓扑绝缘体；TCI—拓扑晶体绝缘体；WSM—外尔半金属；

TNLSM—拓扑节点线半金属；HOTI—高阶拓扑绝缘体；HOTSM—高阶拓扑半金属；TKI—拓扑近藤绝缘体

4.2 拓扑材料体系

量子霍尔效应被发现后［图4-2（a）］，科学家们希望将拓扑物态的概念从有外加磁场的情形推广至零磁场并加以应用，主要目标是去掉外磁场和提高量子效应的实现温度。1988年，Haldane[4]在二维蜂窝状六角晶格模型中引入局域非零但平均为零的周期性磁通，理论提出无朗道能级的QH效应，即量子反常霍尔（Quantum Anomalous Hall，QAH）效应。该量子相的体态绝缘且具有非零陈数，也被称为陈绝缘体。由于缺少合适的实际材料体系，在后续20多年中，相关实验进展缓慢。2005年，受时间反演对称保护的拓扑绝缘体（Topological Insulator，TI）的概念提出后，人们陆续提出和发现了多类不依赖于磁场可以实现QAH效应的拓扑材料。

4.2.1 拓扑绝缘体

在某些二维系统中，由于自旋-轨道耦合，可存在两套由时间反演相联系的、自旋相反、陈数符号相反的量子霍尔态，这会产生量子自旋霍尔（Quantum Spin

Hall，QSH）效应［图4-2（b）］。这种新的拓扑物态被称为二维拓扑绝缘体，其拓扑性质被时间反演对称性所保护[5,6]。实验上，在具有能带结构反转的HgTe/CdTe量子阱[7]、AlSb/InAs/GaSb/AlSb量子阱[8,9]结构以及单层WTe$_2$[10]中都报道观测到QSH效应，输运测量得到量子化附近的纵向电阻平台［$\rho_{xx} \approx h/(2e^2)$］以及非定域输运等符合QSH效应预期的现象。人们也在寻找更高温度的QSH系统[11]。然而实验观测到的QSH平台量子化程度相比QH效应不够理想，也有人提出过对结果不同的解释[12]。有理论指出，不理想的量子化平台可能是时间反演对称保护的拓扑相的固有问题[13]，即时间反演对称性并不真正能保护量子态不受环境的干扰。相比之下，QH［图4-2（a）］和QAH［图4-2（c）］是不需要时间反演对称保护的拓扑相，因此具有更好的量子化平台。

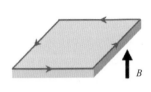 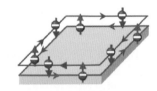 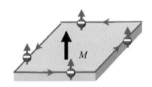

(a) 量子霍尔(QH)效应　　　　(b) 量子自旋霍尔(QSH)效应　　　　(c) 量子反常霍尔(QAH)效应

图4-2　量子霍尔效应家族模型图

2007年，时间反演对称保护拓扑绝缘体的概念从二维扩展到了三维[14,15]。Bi$_2$Se$_3$、Bi$_2$Te$_3$和Sb$_2$Te$_3$是后来研究最多的拓扑绝缘体材料体系[16,17]。然而Bi$_2$Se$_3$族拓扑绝缘体往往具有本征缺陷，载流子浓度高，迁移率低，一直未能观测到量子化输运行为。后来人们在(Bi，Sb)$_2$Te$_3$和BiSbTeSe$_2$等材料中获得了更高的样品质量，实验观测到零阶朗道能级[18]和表面态贡献的半整数QH效应[19,20]，这为进一步探索新奇物理现象和基于拓扑绝缘体表面态的器件应用提供了基础。

对于传统的d维拓扑绝缘体，一般具有（d-1）维的无能隙边缘态，如三维拓扑绝缘体具有二维狄拉克型表面态，二维拓扑绝缘体具有一维螺旋边缘态。近些年对拓扑物态的研究进一步催生了高阶拓扑绝缘体概念的建立，即对于d维n阶拓扑绝缘体，具有d-n维无能隙边缘态，如三维二阶拓扑绝缘体具有一维的无能隙"棱"态，二维二阶拓扑绝缘体具有零维的"角"态[21]。但目前实验上报道较少，有研究组使用扫描隧道显微镜（STM）和约瑟夫森干涉法结合，观察到三维Bi表面阶边的一维态，说明Bi可能是三维二阶拓扑绝缘体[22]。维度的变化可能会让拓扑绝缘体呈现出很多独特的性质，这一方向的研究目前还处于初期阶段。

4.2.2　拓扑晶体绝缘体

二维/三维拓扑绝缘体受时间反演对称保护。如果考虑其他对称性，如空间反演、镜面反射、旋转对称等，也能构筑新的拓扑物态。Fu[23]预言存在由晶体对称保护的一类拓扑绝缘体，即拓扑晶体绝缘体（Topological Crystalline Insulator，TCI），在具有特定晶体对称性的表面存在无能隙表面态。不久之后，实验证实SnTe和具有一定配比的$Pb_{1-x}Sn_xSe$（Te）为拓扑晶体绝缘体[24-26]。由于外界电场、应力可以改变晶体对称性，SnTe薄膜又具有接近室温的铁电性[27]，拓扑晶体绝缘体在场效应管、压力感应器件等领域有潜在应用。目前，尚未在拓扑晶体绝缘体中观测到量子效应。

4.2.3 拓扑半金属

将拓扑分类从绝缘体推广至无能隙体系，可以获得新一类拓扑材料——拓扑半金属，包括狄拉克半金属、外尔半金属、节线半金属等，也是目前拓扑量子材料家族中一个很大的分支（图4-3）[28-30]。直观理解，逐渐调控电子能带的能隙，使其逐渐减小至零，再逐渐变大，可以实现从三维拓扑绝缘体到普通绝缘体的拓扑量子相变。在相变点，导带底和价带顶相交于一个点，形成无能隙的三维狄拉克锥，即狄

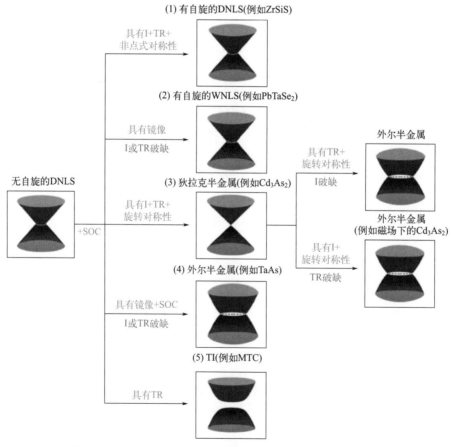

图4-3 不同类别的拓扑半金属量子态（修改自参考文献[28]）

DNLS—狄拉克节点线半金属；SOC—自旋轨道耦合；I—反演对称；TR—时间反演对称；
WNLS—外尔节点线半金属；MTC—Mackay-Terrones晶体

拉克半金属。在狄拉克半金属中引入时间反演或空间反射对称性破缺，狄拉克点会劈裂成为整数对外尔点，成为外尔半金属。动量空间中两个手性相反的外尔点在材料表面由一段开放的费米弧连接。方忠、戴希研究组理论预言 Na_3Bi[31] 和 Cd_3As_2[32] 是典型的受晶格对称保护的狄拉克半金属材料，他们和合作者通过计算发现，TaAs、TaP、NbAs 和 NbP 等材料具有时间反演对称和中心凹反射对称性破缺，属于非磁性外尔半金属[33]。不久，人们就通过角分辨光电子能谱（Angle Resolved Photo Emission Spectroscopy，ARPES）实验观测到理论预言的拓扑能带结构[34-39]。高质量拓扑半金属材料（如 Cd_3As_2 等）具有极高的迁移率和低载流子密度，修发贤研究组[40] 在楔形的 Cd_3As_2 样品中，观测到基于外尔轨道的独特的三维 QH 效应，将二维体系中的 QH 效应扩展到了三维。烧绿石结构的铱氧化物[41] 和 $HgCr_2Se_4$[42] 最先被预言是磁性外尔半金属，但实验上一直没有得到确定性的证明。理论计算和实验发现[43-46]，由于 Co 原子构成笼目层状结构，半金属 $Co_3Sn_2S_2$ 具有易磁化轴垂直于膜面的铁磁性，是磁性外尔半金属。而 Fe_3Sn_2[47,48] 和 FeSn[49,50] 同样具有磁性原子的笼目结构，属于磁性狄拉克半金属。由此可见，磁性原子的笼目结构对于拓扑性可能具有重要意义。磁性外尔半金属的薄膜可以呈现陈数随厚度变化的 QAH 态，但目前除了后面将要提到的铁磁构型的 $MnBi_2Te_4$ 外，这一现象还未得到实验证实。

4.3　磁性拓扑材料体系

获得高质量拓扑材料之后，一个很自然的课题是如何实现 QAH 效应。QAH 效应中的无耗散边缘态不仅可以用于低能耗电子学，还可能用于实现拓扑超导量子计算，是近些年拓扑量子物理领域一个重要的研究方向。事实上，通过磁性掺杂、磁性近邻和内禀磁性等方式可以形成磁性拓扑材料，都已实现 QAH 效应的实验观测。此外，在转角双层石墨烯[51]、三层石墨烯[52] 和过渡金属硫化物[53] 中也观测到了 QAH 效应。由于篇幅限制，下面主要介绍基于拓扑绝缘体的磁性材料体系。

4.3.1　磁性掺杂拓扑绝缘体

量子反常霍尔效应最先在磁性掺杂拓扑绝缘体材料中实现。2008 年，张首晟等[54,55] 的理论工作提出，无论在三维拓扑绝缘体还是在二维拓扑绝缘体中引入铁磁序，都会导致 QAH 效应。2010 年，方忠等[56] 预言，在三维拓扑绝缘体 Bi_2Se_3 族薄膜中进行磁性掺杂，可以通过范弗莱克（Van Vleck）机制实现无需体载流子的长程铁磁序，实现 QAH 效应。2013 年，薛其坤研究组及合作者[57] 在 Cr 掺杂的 (Bi, Sb)$_2$Te$_3$ 薄膜中首次观察到这一效应［图4-4（a）、（e）、（f）］。不久之后，国际上多个研究团队在类似的磁性掺杂拓扑绝缘体中重复了这个结果。

以QAH效应为基础，通过构建拓扑/磁性异质结构，可以实现多种磁性拓扑物态。若薄膜上下表面的磁化方向相反，拓扑材料两个表面产生的霍尔电导反向，整体霍尔电导为零，对应轴子绝缘体态（axion insulator）[58-60]；如果两层QAH薄膜有相反的磁化方向，则两个手性边缘态有相反的动量和自旋方向，通过插入普通绝缘体构成三层异质结构，可以形成类似QSH绝缘体的螺旋边缘态，不同的是两个边缘态空间上是分离的[61]；若将相同的多层QAH效应薄膜堆叠在一起，中间以普通绝缘体层隔开，则可以得到等效的高陈数QAH系统[62,63]；通过调整QAH薄膜和普通绝缘体的厚度，系统可以表现普通绝缘体、QAH相或磁性外尔半金属[64]。这些构型为探索其他新奇量子效应（如拓扑磁电效应）和设计基于QAH的器件及调控提供了基础。

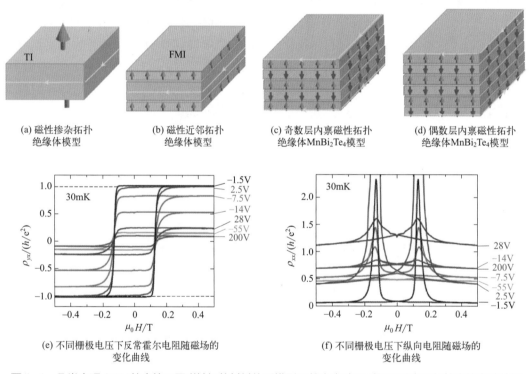

(a) 磁性掺杂拓扑绝缘体模型　　(b) 磁性近邻拓扑绝缘体模型　　(c) 奇数层内禀磁性拓扑绝缘体MnBi$_2$Te$_4$模型　　(d) 偶数层内禀磁性拓扑绝缘体MnBi$_2$Te$_4$模型

(e) 不同栅极电压下反常霍尔电阻随磁场的变化曲线　　(f) 不同栅极电压下纵向电阻随磁场的变化曲线

图4-4　几类实现QAH效应的不同磁性拓扑材料体系模型及首次实验观测量子反常霍尔效应的实验数据

4.3.2　磁性近邻拓扑绝缘体

近邻效应是在三维拓扑绝缘体薄膜中引入磁性的另一种有效方式。自然界中有不少居里温度超室温的铁磁绝缘体（Ferro magnetic Insulator，FMI）和反铁磁绝缘体（Anti-ferro magnetic Insulator，AFMI），它们具有有序的磁结构。如果能够制备出高质量的(A)FMI/TI/(A)FMI体系，则有可能避开磁性掺杂拓扑绝缘体中的无序问题获得高温甚至超高温的QAH体系。由于铁磁绝缘体与拓扑绝缘体空间上是分离的，磁性态与拓扑态的界面耦合通常较弱，很长一段时间在实验上没有进展。后来，Tokura 研究组[65]在 (Zn,Cr)Te/(Bi，Sb)$_2$Te$_3$/(Zn,Cr)Te 三明治结构中观测到了 QAH 效应，但是仍需要 30mK 的测量温度［图4-4（b）］；他们的另一个工作发现[66]，如果在 (Bi,Sb)$_2$Te$_3$ 薄膜上下两个表面附近掺杂高浓度 Cr 原子（足以将其变为普通磁性绝缘体），则 QAH 效应的实现温度会显著提高。如何增强磁性近邻层与拓扑绝缘体表面态空间重叠和界面耦合是这一方向的重要课题。

4.3.3　内禀磁性拓扑绝缘体

如果一个材料兼具内禀的磁有序和拓扑绝缘体电子态结构，不但可以克服磁性掺杂带来的无序，也可以使磁性原子的电子态和拓扑电子态之间产生较强的杂化，从而形成较大的磁交换诱导的能隙。2019 年，何珂研究组和徐勇研究组[67,68]结合实验和理论发现，内禀磁性拓扑绝缘体 MnBi$_2$Te$_4$ 是研究磁性拓扑物理的理想材料平台。奇数层 MnBi$_2$Te$_4$ 薄膜会显示出 QAH 效应［图4-4（c）］，而偶数层则展示轴子绝缘体态[68-71]［图4-4（d）］。当外磁场克服 MnBi$_2$Te$_4$ 较弱的层间反铁磁耦合将其变为铁磁构型时，将形成磁性外尔半金属相。理论计算表明，其表面磁能隙可以达到几十毫电子伏特，有望实现高温 QAH 效应，近些年引起了大量的关注。实验上，在单晶解理的薄片上观测到了 QAH 效应[72]和轴子绝缘体到陈绝缘体相的转变[73]。在厚层薄片样品中还观测到了陈数为 2 的量子霍尔电阻平台[74]，这是铁磁态 MnBi$_2$Te$_4$ 属于磁性外尔半金属相的一个重要证据。更有趣的是，在强磁场下，反常霍尔电阻量子化的行为可以持续到几十开尔文，说明有望在更高温度下实现 QAH 效应[75]。目前的主要挑战是如何提高可显示 QAH 效应（尤其是零场量子化）样品制备的成功率。

4.4　拓扑超导体

与绝缘体类似，超导体在费米能级处也有能隙，拓扑性与超导性相结合会构成新的量子物态——拓扑超导体，其体态是超导态，表面则是具有拓扑保护的无能隙电子态。在拓扑超导体中可能出现马约拉纳零能模，由于其具有非阿贝尔任意子的特征，可以用于实现拓扑量子计算。因此，拓扑超导体是目前凝聚态物理领域最受关注的研究方向之一。从材料的角度看，主要可分为异质结构拓扑超导体和内禀拓扑超导体两类。

4.4.1　异质结构拓扑超导体

2001 年，Kitaev[76]提出一个一维拓扑超导的模型，在其端点可以实现马约拉纳零能模态［图4-5（a）］。这个模型可以利用具有强自旋轨道耦合的半导体纳米线（如InAs或InSb）与s波超导耦合，在外加磁场下实现[77,78]。半导体较好的可调控性和较高的载流子迁移率有利于构造高质量的拓扑量子比特器件。基于此类体系，理论上已提出拓扑量子比特实现的详细方案和路线图[79,80]；实验上已能够实现多参数变化下的量子化零能电导平台[81]。在超导Pb衬底上制备出Fe原子链也可能诱导出p波超导，STM观测到其两端的零偏压电导峰[82]。

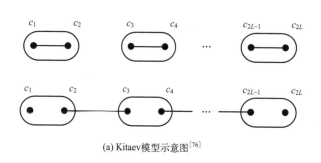

(a) Kitaev模型示意图[76]

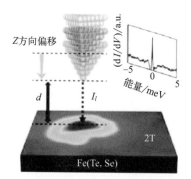

(b) 使用STM测量拓扑超导体系表面超导磁通涡旋处高分辨零偏压电导峰的示意图[100]
（小图是在涡旋中心测到的零偏压电导峰线图）

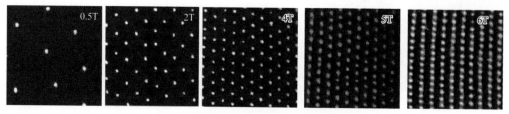

(c) LiFeAs中外磁场调控有序的超导磁通涡旋[102]
（图中每一个亮点就是一个涡旋）

图4-5　几种典型拓扑超导体系

2008年，Fu-Kane模型[83]研究了二维无简并超导狄拉克表面态的准粒子行为，证明稳定的单个马约拉纳零能模态可以存在于s波超导体与拓扑绝缘体异质结界面的超导磁通涡旋中。实验上，在拓扑绝缘体Bi_2Se_3薄膜与超导体$NdSe_2$的异质结构中，通过STM确实观测到了近邻效应导致的超导能隙，同时ARPES实验也证明了狄拉克型表面态的存在[84]；在Bi_2Se_3与$NdSe_2$异质结构的超导磁通涡旋中，观测到零偏压电导峰，可能对应于马约拉纳零能模态[85-87]。另外，理论预言[88-91]，QAH绝缘体与s波超导体的近邻可以产生手性拓扑超导体，不过目前还没有确定的实验证据。

4.4.2　内禀拓扑超导体

内禀拓扑超导体本身具有拓扑非平庸的带隙结构。早期人们曾认为Sr_2RuO_4是p波超导[92]，而手性p波超导的准粒子谱将具有非平庸的拓扑不变量，但目前并没有手征拓扑超导的确凿性证据[93]。在拓扑绝缘体材料被发现以后，人们发现对拓扑绝缘体材料进行掺杂也可以诱导出超导态，例如 $Cu_xBi_2Se_3$[94]、$Sr_xBi_2Se_3$、$Tl_xBi_2Te_3$ 等，有可能产生拓扑超导态[95]。在铁基超导体系中通过调节 pz 轨道与 d 轨道能带交叉，可以获得拓扑非平庸的能带结构。理论预言[96,97] $FeSe_{0.5}Te_{0.5}$ 是拓扑超导体，ARPES 测量发现在具有相近配比的 $FeTe_{0.55}Se_{0.45}$ 单晶表面存在拓扑超导表面态，而且在 T_c 约为14.5K 以下时，费米能级附近会打开一个各向同性的 s 波超导能隙[98]。通过 STM 实验 [图 4-5（b）]，人们在超导磁通涡旋的中心观察到了零偏压束缚态[99]，甚至得到量子化电导[100]。在 LiFeAs 中也观察到类似的零偏压电导峰[101]，通过调控外磁场，可以实现有序的、密度和几何形状可调的涡旋结构[102] [图 4-5（c）]，这为操纵和编织马约拉纳零模态提供了一个理想的材料平台。内禀拓扑超导体材料的优势是避开了超导 - 半导体界面这一复杂问题，劣势是作为一个纯粹的超导（金属）材料难以调控和器件化。

目前拓扑超导体研究的最大挑战是如何确定性地证明其拓扑非平庸的性质。实验上观测到的零能电导峰（即使量子化附近的）往往也可以找到其他可能的解释。也许只有实现拓扑量子比特和马约拉纳零能模态编织才能为拓扑超导提供决定性的证据，这也是此方向下一步研究的关键。

总结与展望

理论分析发现非磁性化合物中相当大一部分都属于拓扑量子材料，目前的研究仅涉及很小的一部分，有相当大的空间需要进一步地探索。之前拓扑材料的研究多集中在单粒子图像下，对于强关联体系中拓扑物态问题研究尚处于初期；拓扑量子材料虽多，但是高质量、稳定的材料体系数量有限，需要继续探索性能更好的材料；拓扑材料中的新奇量子效应在实验上实现的不多，且实现条件苛刻。拓扑量子物态丰富，有很多量子效应待实现；拓扑量子计算尚在初级探索阶段，马约拉纳零模态在多个体系中被观测到，但真正的拓扑量子计算需要对马约拉纳零模态进行操纵和编织，需要更稳定的材料体系和器件制备以及明确的实现路径。拓扑量子材料的出现带来了全新的拓扑物性，可能推动基础研究和器件应用的全面发展，并开创新的科学领域。由此可见，拓扑量子物理学方兴未艾，未来可期。衷心希望有越来越多的人加入到这个领域，共同探索其中的奥秘。

参考文献

参考文献

Approaching Frontiers
of
New Materials

第 5 章

笼目材料——
从神秘到科学的
千年之旅

杨天宇　邓翰宾　殷嘉鑫

5.1 法力无穷的六芒星

从远古第一位用兽血临摹自然的先民起，人类便通过符号来记录身边的一切事物。在使用符号的过程中，符号也渐渐从具象的图案过渡到抽象的字符甚至几何图形。今天我们要介绍的主角，也是一位在神秘学领域出场率颇高的人气角色——六芒星（图5-1）。

图5-1　六芒星魔法阵

六芒星，即两个正三角形一上一下部分重叠形成的具有六次对称性的几何图形，也可以看作是由一个正六边形和六个小正三角形组成。中国先民们在很久以前就在编制竹笼时使用这种图案。

六芒星简约而不简单，仅有几个线条的组合却充满了对称的几何美感，因此世界上不同文化的族群均赋予了其复杂的神秘意义。在炼金术的领域中，一般用向上的正三角形表示火元素，向下的正三角形表示水元素，向下且带一横线的正三角形代表地球（即土元素），向上且带一横线的正三角形代表空气（即风元素）。六芒星表示水、火、风、土四大基本元素的结合，具有完满、完成的意象，具备强大的法力。

作为一种极具几何美感的图形，六芒星，或说笼目图案，当然不仅活跃在神秘学的世界中，事实上，诸多凝聚态物理界的重大发现，其背后都具有不同程度的几何学原理。

5.2 笼目材料

我们知道，晶体是由一个个原子按照一定的规律组合而成。我们可以将晶体想象成一个三维的乐高积木（图5-2）。在拆解积木的时候，我们可以将一整块积木拆成多个积木层。与此类似，我们也可以将一块晶体看作是由多个不同的原子层组合而来。现在我们将目光聚集在一层原子上，假设这一层原子均为同一种原子。那么根据几何学，原子们必须形成可以铺满整个空间的几何图形。许多名声在外的材料都是由最基础的正多边形原子结构组成的，如六边形组成的石墨烯[1]、五边形组成的准晶[2]等。

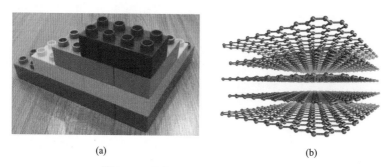

(a)   (b)

图5-2　乐高积木与石墨中原子结构

除正多边形以外，不同的图形组合在一起，也可以铺满整个平面。例如正八边形和正方形，正六边形和正三角形。当一层原子由正六边形和正三角形组合形成时，整个原子层就呈现出共享顶点三角形的六芒星图案，这就是笼目（kagome）材料（图5-3）。

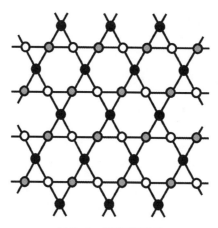

图5-3　笼目原子层

相信大家也有一些疑惑，为什么这种材料不以通俗的六芒星命名，而是以小众的笼目命名呢？这是因为第一位将此种材料引入量子物理视角的学者是日本科学家。1951年，Itiro Syôzi发表了Statistics of Kagomé Lattice一文，正式提出了笼目晶体这一概念[3]。由于其特殊的晶体结构，在笼目晶体中可能存在多种丰富多彩的量子物理现象，例如量子自旋液体、平带物理等。在凝聚态物理界，研究量子物理的实验方法也是多种多样的，在此简单介绍两种我们主要使用的研究方法。

（1）扫描隧道显微镜　各位音乐发烧友一定对黑胶唱片比较熟悉。黑胶唱片的工作原理就是将音乐的信息转化成机械振动，刻录在黑胶唱片的表面。这样唱片表面就有了一整张记录了音乐信息的高低起伏不同的"三维地图"。在播放黑胶唱片时，通过一根细小的探针，在唱片表面扫动，来读取"三维地图"的形貌信息，再次转化为电信号传输给扬声器。扫描隧道显微镜的原理就与黑胶唱片类似（图5-4）。

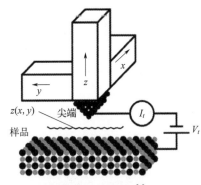

(a) 黑胶唱片　　　　　　　　(b) 扫描隧道显微镜原理[4]

图 5-4　黑胶唱片与扫描隧道显微镜原理

物质的表面是由原子组成的，可以说是天然的"黑胶唱片"。那么该如何读取材料表面的原子级分辨率、位差为皮米级（10^{-12}m）的形貌信息呢？量子隧穿效应为"播放"材料表面的"音乐"提供了可能。

根据经典力学的理论，电子被原子核紧紧束缚在周围，它的能量为E。而电子到真空的直接电势差为U，$U > E$。即电子在经典力学的体系下无法跨越U的电势差，达到探针的位置。但是由于电子具有波动性，在U较小时（但仍大于E），电子就具有一定的概率穿越电势差U，进而被探针探测到。这样，通过使用极细的针尖，在其足够接近样品表面时，就可以测试表面的形貌信息了。

扫描隧道显微镜是一种具备原子级分辨能力的对材料表面形貌进行表征的显微镜。其使用特细的针尖进行探测，因此也可以进行原子级表面操作。扫描隧道显微镜一般在超低温超高真空环境下对样品进行测试。

扫描隧道显微镜工作时，把超细的探测针尖和样品表面作为两个电极，在它们距离非常近（1nm）时在两个电极之间输入电压，会有隧穿电流产生。隧穿电流与电极之间的距离成指数关系衰减，因此可以通过隧穿电流的变化得到针尖与样品表面的距离，进一步得到样品表面的形貌信息。

扫描隧道显微镜的工作模式分为恒流模式和恒高模式两种。恒流模式即通过调制探针的位置来控制隧穿电流的值不变，通过记录探针位置变化得到样品表面信息。恒高模式即控制探针高度不变，记录测试过程中隧穿电流的变化，再转化成样品表面信息。

（2）角分辨光电子能谱　电子在空间中大多在原子核的附近，具有特定的能量，在特定的轨道运动，就好像规划好路线的火车一样。以最简单的氢原子举例，氢原子只有一个电子，它的运动轨道是确定的。但是在许多复杂的固体材料中，由于存在多种不同的元素原子，每个元素原子又都具有不同轨道的电子。离原子核近的电子，受到的束缚较强，因此大都保持在原有的轨道。而最外层的电子，受自己原子核的束缚很小，同时又受到其他原子的影响，因此很难保持在自己的轨道上。事实上，一种固体材料中诸多元素的外层电子已经被共有化。如此繁杂的电子不会像一列列平行的火车一样各行其道，而是互相影响，形成了蜿蜒的新轨道，这也就是所谓的"能带"。

由于固体材料的很多性能（如电学、光学、热学、磁学等）都与其最活跃的外层电子相关，因此可以通过观察外层电子组成的最外侧的能带来研究材料的物理本质和性能的关系。能带代表了电子的能量与晶格动量的关系。由于泡利不相容原理，从最低能量的能带起电子依次对能带进行填充。当电子填充满整数条能带时，被填满的能带无法携带电子，宏观表现为材料不能导电，即绝缘体或半导体。当电子无法填充满整数条能带时，未占据的部分能带可以传输电子，材料性质表现为导体。角分辨光电子能谱就是一种可以直观观测到材料能带结构的研究手段（图5-5）。

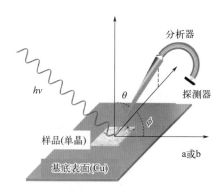

图5-5　角分辨光电子能谱

角分辨光电子能谱的物理原理源于光电效应。1887年，德国物理学家海因里希·赫兹发现了光电效应中的光电子发射现象[5]。即当有光入射在干净的金属表面时，会有电子产生，原来充满负电荷的金属表面会失去这些电荷，电中性的金属表面则会累积正电荷，电子会逃逸金属表面。在光电子发射现象中，入射光的强度与出射电子的能量无关，仅与出射电子的数量成正相关。而入射光的频率决定了出射电子的能量。之后，爱因斯坦给出了光电子发射现象的正确解释[6]，即光子为量子，光子的能量为其频率乘以普朗克常数。当光子的频率大于极限频率时，就会激发出射电子。

角分辨光电子能谱利用光电子发射原理，通过向导电样品表面发射一定能量（一定频率/波长）的光子，激发出具有材料内部不同束缚能级电子信息的光电子。通过改变探测器与样品表面的角度，可以收集到具有不同角度（光电子方向与样品解理面之间的角度）的光电子的信息。

随着设备的进步，角分辨光电子能谱不仅可以得到材料的电子能带结构等信息，也具备了自旋分辨、时间分辨和纳米级样品分辨的能力。总而言之，角分辨光电子能谱是用于观测电子的能量-动量四维空间中行为的显微镜，在众多科研领域如超导能隙、拓扑半金属、拓扑绝缘体、电子-声子相互作用中都发挥了重要作用。

5.3　量子新星

物质的磁性研究一直是物理学界研究的重点。我们知道，宏观物体的磁性受原子磁矩影响。而原子磁矩又分为两部分——电子的轨道磁矩和自旋磁矩。带电物体做圆周运动会产生磁场，电子绕原子核运动自然也会产生磁场，这就是电子轨道磁矩。1922年著名的施特恩-格拉赫实验（Stern-Gerlach experiment）[7]揭示了电子具有另一重维度的磁矩——自旋磁矩，同时也验证了微观粒子的量子特性。

施特恩-格拉赫实验是将一束稳定的银原子从狭缝中射入非均匀磁场中（图5-6），最后沉积在冷凝玻璃盘上以观测其落点。按照经典力学的理论，由于银原子具有随机分布的初始动量，且银原子为电中性，那其运动轨迹将不受磁场影响，落点保持为一条弥散的狭缝状。可是实验的结果却是在磁场的作用下，银原子落点轨迹发生了劈裂，分为两条痕迹。这一实验直接证明了电子的量子性，并且证明了自旋磁矩的存在（电子自旋理论于此实验后被提出）。

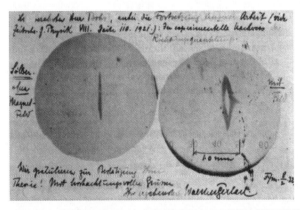

图5-6　格拉赫寄给玻尔的明信片（右侧图显示了劈裂的银原子落点轨迹）

简单来说，自旋是电子的一种固有属性，有向上和向下的区分。尽管名字叫自旋，但电子自旋并不是像地球自转一样绕自己的中心轴旋转，而是说明电子具有特定的角动量。在物质磁性的研究中，电子自旋通常占据了重要位置。

在固体中，磁矩的排列决定了材料的磁性。如果能从自旋磁矩的角度准确理解磁性的起源，将对相关研究具有莫大的价值。1944年，Lars Onsager 等对反铁磁排列的四方自旋格子（也就是著名的Ising模型）进行了严格求解[8]。四方格子的成功，促使科学家将研究拓展到了别的周期格子。1951年，Itiro Syôzi将笼目格子第一次引入量子世界。与其他三角周期性的格子类似，反铁磁的笼目格子具有奇异的自旋阻挫现象。按照朗道对称性破缺理论，物质在温度为0K时，由于系统不再具有热涨落，电子自旋会呈现出有序排列的行为。例如，在铁磁体中，相邻格点的电子自旋取向是平行的；在反铁磁体中，相邻格点的电子自旋取向是反向平行的。但是在三角形格点中，当两个格点的电子自旋方向为反平行时，第三个格点的电子自旋无论取什么方向都不能形成有序的排列。这种特殊的性质被称为自旋磁阻挫，可能导致一些奇异的物理现象，例如量子自旋液体、量子自旋冰和高温超导等[9]。在所有的二维格子中，笼目格子具有非常强的自旋磁阻挫性质，因而是量子自旋液体研究的热点。

共享三角形格点的笼目晶体，除自旋磁阻挫之外，其电子能带结构也颇具新奇之处。蜂窝格子具有神奇的电子，如质量为零的狄拉克电子、马鞍形状的范霍夫奇点电子等。与之类似，笼目格子中也存在神奇的电子。事实上，笼目格子是蜂窝格子的线图（line graph）。当我们把蜂窝格子的原子替换成化学键，化学键替换成原子，就得到了笼目格子。这可能用于解释笼目格子分享了蜂窝格子的狄拉克电子、范霍夫奇点电子的原因。除此以外，笼目格子中还存在一类独特的电子，也就是质量无穷大的平带电子。这可以通过一个简化的模型来分析。假设笼目格子中的一个空心六边形拥有涡旋电流，图5-7中红色和蓝色格子分别代表了电流处在正和负的振幅。由于白色格子永远与红色格子和蓝色格子同时相连，因而红色格子和蓝色格子向白色格子传播的电流相互抵消。电子孤立在一个个涡旋电流中无法流动，换句话说，电子拥有无穷大的质量。

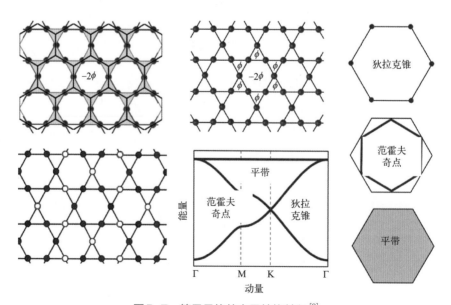

图5-7　笼目晶格的电子结构特征[9]

针对笼目晶体的研究主要集中在拓扑性和关联性两个方向上。

在笼目晶体电子结构中拓扑性的研究中，一种Kane-Mele形式的自旋轨道耦合被引入进来。在这种耦合作用下，具有反方向的自旋电子会具有相反的通量，同时在狄拉克锥处及平带与非平带相切处打开自旋陈数能隙，并且导致受时间反演对称性保护的螺旋边缘态出现。当体系中引入面外铁磁作用后，拓扑Z2能隙转变为陈数能隙，同时存在手性边缘态。由于笼目晶体中存在自发磁化现象，因而可能出现陈数拓扑态。当存在陈数能隙时，如果其处于费米能级，就会导致量子反常霍尔效应的出现；如果其偏离费米能级，但偏离的能量尺度与能隙能量尺度在一个量级时，会导致巨大反常霍尔效应的出现。学者们试图在多种笼目晶体中探索陈数能隙的证据。如我们在上面介绍的，当体系存在陈数能隙时，可能会导致巨大反常霍尔效应和量子反常霍尔效应的出现。因此许多存在巨大反常霍尔效应的材料如Fe_3Sn_2[10]等被学者们早期关注。在针对Fe_3Sn_2的研究中，首先费米能附近的狄拉克锥被观测到[11,12]。与此同时，人们也在Fe_3Sn_2中发现了电子相列序[12]，这是电子关联相互作用的证据之一。通过扫描隧道显微镜，在Fe_3Sn_2中发现了受外加磁场调控的电子态（图5-8）。据此，学者们提出了一种笼目磁体量子调控手段——自旋轨道调控。这是由于Kane-Mele的自旋轨道耦合形式是正比于面外磁矩分量，当笼目晶体的磁化主要发生在面内时，会通过竞争作用关闭打开的拓扑能隙。

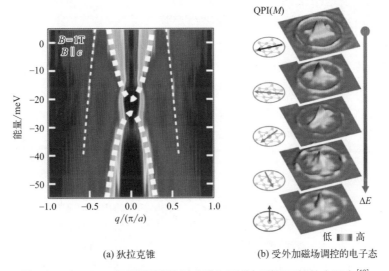

(a) 狄拉克锥　　　　　　(b) 受外加磁场调控的电子态

图5-8　Fe_3Sn_2中观测到的狄拉克锥和受外加磁场调控的电子态[12]

Fe_3Sn_2是研究拓扑晶体中关联效应与拓扑性质很好的平台，但是由于其面内的基态是反铁磁的，因此不具备形成陈数能隙的条件。与此同时，Fe_3Sn_2中的Fe笼目原子层含有中心的Sn原子，并不是完美的笼目晶格。为了解决上述中Fe_3Sn_2体系的不足之处，普林斯顿大学和北京大学的学者对RMn_6Sn_6材料体系（R是稀有金属）进行了研究[13]。在RMn_6Sn_6中，在R元素的作用下，Sn原子将远离笼目晶格层，使

Mn原子组成完美的笼目晶格。其中的$TbMn_6Sn_6$材料具有独特的面外磁性，磁性Mn笼目晶格的电子态在外加磁场影响下展现出近乎完美的Landau量子化能级。结合角分辨光电子能谱实验，发现在费米能级附近的自旋极化狄拉克锥形色散，且在其中打开了陈数能隙。此处发现的陈数能隙与较大的反常霍尔效应及边缘态，共同支撑$TbMn_6Sn_6$作为达到量子极限的拓扑陈数磁体（图5-9）。

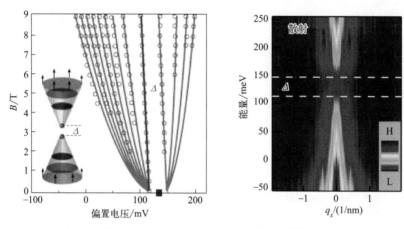

图5-9　$TbMn_6Sn_6$发现的陈数能隙[13]

在上面介绍笼目格子的电子结构时，曾经介绍过在笼目晶体中，由于特殊的共享三角形格点，当电子试图跃迁到它最近邻的格点时，电子波函数的相位相消，这样电子的跃迁概率就为0，以平带的方式存在。

在针对平带的研究中，学者们通常关注平带与非平带的连接、平带的轨道特性、平带声子模与巡游电子的耦合等性质。为了得到清晰的平带能带结构，需要材料不具有磁性。于是中国人民大学、普林斯顿大学和麻省理工学院学者在2020年提出了CoSn笼目顺磁体[14-16]作为优秀的平带研究平台。

由于笼目晶格中的平带电子动能被猝灭，因此其可能导致诸多关联效应。在前面我们介绍了在自旋轨道耦合作用下，笼目晶体的电子结构会在狄拉克锥处及平带与非平带相切处打开自旋陈数能隙。这种具有特殊连接性的平带称为拓扑陈数平带。2019年，普林斯顿大学与中国人民大学学者在$Co_3Sn_2S_2$磁体实验中发现了位于费米能级附近的拓扑陈数平带（图5-10）拥有巨大的抗磁性轨道磁矩[17]。

在笼目超导体中，拓扑性质与关联性质紧密交织。莱斯大学和普林斯顿大学的学者发现一种含有$2×2$电荷序的笼目磁体——FeGe，他们利用中子散射谱和其他先进精密谱学研究了电荷序与磁序的关联[18]，并发现电荷序带有鲁棒边缘态[19]（图5-11）。

笼目材料成为炙手可热的"明星"材料还不久，在这种特殊几何原子结构下深藏着多少物理秘密还有待我们去发掘。笼目材料虽只显露冰山一角，却也足够激动人心。其中可能蕴含的拓扑超导相及马约拉纳费米子，将有可能带我们进入量子计算新时代。

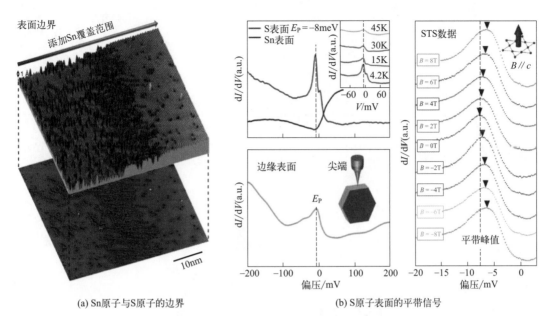

(a) Sn原子与S原子的边界 　　　　　　　　(b) S原子表面的平带信号

图5-10　Co$_3$Sn$_2$S$_2$中Sn原子与S原子的边界和S原子表面的平带信号[17]

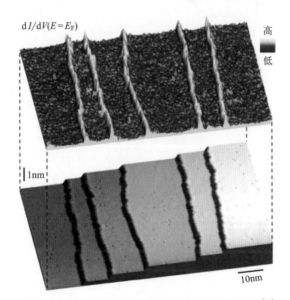

图5-11　FeGe笼目台阶边缘处的鲁棒边缘态[18]

参考文献

参考文献

Approaching Frontiers of New Materials

第6章

二维材料类脑器件

王 爽 梁世军 缪 峰

6.1　类脑计算

　　大脑是神经系统中结构最复杂、功能最高级的器官。19世纪伊始，生理学家开始对大脑及周围组织的功能展开系统性的研究。人脑拥有百亿数量级的神经元，每个神经元通过数千突触与其他神经元相连接，形成错综复杂的信息处理网络。这个庞大的网络实时接收各感官传递的模拟信息（如图像、声音、气味等），以高度并行的方式进行信息处理。整个过程消耗约20W的能耗，相当于一个灯泡的功率。与此同时，大脑具有学习和适应的能力，这为人工智能的实现提供了最现实的参考范式。可以预见，如果能够将大脑如此卓越的信息处理能力迁移至机器上，构建一个类似大脑的信息处理系统，将会为未来人工智能的发展注入强劲的驱动力。

　　类脑计算（brain-inspired computing），也称神经形态计算（neuromorphic computing），就在这一背景下应运而生。它以神经元和突触接收刺激、信息整合、脉冲发放等过程为设计灵感，构建一系列受大脑启发的计算模型、器件原型和集成架构。20世纪90年代，加州理工学院的 Carver Mead 团队首次提出类脑工程（也称"类脑计算"）的概念[1,2]，并通过大规模硅基集成电路技术对生物神经系统进行了模拟。随后，从神经生物模型中抽象出的"地址-事件协议"在硬件上得以成功实现[3]，与此相关的事件驱动相机也进入商用阶段[4]。然而，硅基互补金属氧化物半导体（CMOS）技术被认为不是构建类脑系统最理想的技术路线。第一，基于硅基CMOS器件模拟单个突触或神经元往往涉及几十个晶体管的复杂互联。随着类脑系统规模的进一步扩大，系统布线的复杂程度将呈指数式增长，大幅增加延迟。第二，生物神经系统往往呈层状分布，数据的传递和处理依靠不同功能层之间的并行信息流动来进行。硅基工艺作为平面集成工艺，在实现生物系统不同功能层之间的三维垂直集成方面面临严峻的挑战。因此，基于新材料的类脑器件探索和研究在近年来受到相关领域研究者的极大关注[5-12]。

　　2004年单层石墨烯的成功获得宣告了二维原子晶体材料的诞生，这为凝聚态物理和新原理器件开拓了崭新的研究视野[13]。二维材料是一类具有原子级厚度的新型材料，其在器件应用方面具备众多优势，主要包括：

　　① 基于二维材料的电子器件具有原子级平整度的表面，且载流子迁移被限制在二维平面内，在极限尺度下仍保持着优异的电学性能。

　　② 二维材料物性调控的自由度异常丰富，包括但不限于电场调控、光场调控、磁场调控、离子调控、应力调控等，通过对器件结构的合理设计，二维材料电子器件的性能和功能可得到进一步的提高和拓展。

　　③ 通过采用类似"搭乐高"的方式对二维材料进行堆垛，可形成组合方式和

堆叠顺序多样的范德瓦耳斯异质结[14-16]（也称"原子乐高"），实现功能化的器件设计[17-20]。这也有望为构建不同功能层垂直集成的三维系统提供解决方案。因此，探究二维材料及异质结的基本物性，设计与之相关的类脑器件原型和阵列化扩展方案，对类脑计算的发展和类脑系统的构建具有重要意义。下面针对二维材料及异质结体系在类脑器件方面的应用展开讨论，首先介绍类脑器件的构建条件，再分别对相关领域内的研究进展进行综述，最后讨论未来的发展前景和所面临的挑战。

6.2 类脑器件的基本构建条件

为了实现高度智能化的技术革新，人们试图通过研究生物神经系统的工作原理［图6-1（a）］来开发高效、稳定、低能耗的类脑系统硬件平台[21]。类脑系统的设计显然不是对生物神经系统直接进行复制和迁移。了解生物神经系统的基本单元，将其行为抽象成易理解的数学表达方式，并为其找到稳定可靠的器件物理模型，是设计类脑系统的基础。生物神经系统由亿万个神经元和突触组成。神经元具有接收刺激、整合信息、传导兴奋的作用，并以神经冲动的形式来进行信息传递。在该过程中，突触起到了连接的作用，其接收来自上一神经元的神经冲动，并传递至下一神经元［图6-1（b）］。突触的这种连接性会随着神经活动的不同而增强或减弱，这被称为突触可塑性（synaptic plasticity），其中包括短程可塑性（Short-Term Plasticity，STP）、长程可塑性（Long-Term Plasticity，LTP）、脉冲时间依赖可塑性（Spike-Timing-Dependent Plasticity，STDP）等。如需进一步了解，可详细阅读相关文章[23]，此处不再赘述。人们广泛认为，突触可塑性是生物体进行学习与记忆的基础。同时，在人工神经网络中，突触可塑性通常被用于建立神经元之间的联系。因

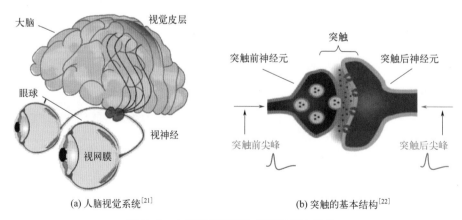

(a) 人脑视觉系统[21]　　　　　(b) 突触的基本结构[22]

图6-1　人脑视觉系统与突触的基本结构

此，早期类脑器件的设计，主要围绕突触可塑性的模拟展开。模拟突触可塑性的类脑器件同时具有两个功能：兴奋传递和权值更新。当器件存储状态不变时，对应的突触权值不发生改变。这种情况可用来模拟突触在神经元之间的兴奋传递过程。一个典型的例子是将器件视为满足欧姆定律的纯电阻，则该器件可以通过输入电压信号、测量电流信号的方式进行线性信息传递。在特定输入状态下，器件的阻值随着输入信号的改变而改变。这种情况用于模拟突触随神经活动的变化而变化，即权值更新。由于生物神经系统是纯模拟系统，因此要求类脑器件的阻值可以实现可调的多态。由此可见，类脑器件的设计需要以信息为中心，围绕着信息的接收、存储、处理、传递过程展开。

无独有偶，感算一体[24]（in-sensor computing）和存算一体（in-memory computing）（图6-2）概念近年来呈现蓬勃发展的态势。两者与以信息为中心的类脑器件的设计思想不谋而合，但具备实现"信息处理"的位置略有不同。对于足够智能的系统来说，早在信息接收端就会产生对"智能"的需求。生物神经系统给出了很典型的例子。例如，视网膜不仅可以感觉外界图像信息，还可以在感觉的同时对图像信息进行预处理。视网膜预处理后的信息相对原始图像拥有更高级的特征，不但大幅提升了信息的传输效率，同时加速了大脑皮层对图像信息的认知。感算一体器件，目前是将生物感受器对外界信息的预处理能力迁移至人工智能系统的最有潜力的器件模型。这将极大地释放信息传输带宽，降低后端处理器执行任务的复杂程度，并提高任务的完成质量。存算一体概念的提出，旨在解决传统计算机在处理庞大数据任务时，由于数据存储和数据处理分离带来的功耗和速率问题。它以数据为中心，将数据存储与处理融合在同一硬件中，简化了数据的访问过程，从而突破传统架构的功耗瓶颈和速率瓶颈。目前，静态随机存储器（SRAM）、动态随机存储器（DRAM）、磁随机存储器（MRAM）、阻变随机存储器（ReRAM）、闪存（Flash）、相变存储器

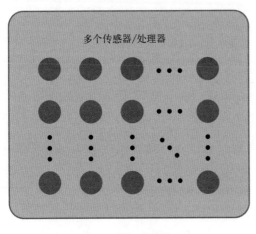

(a) 感算一体器件

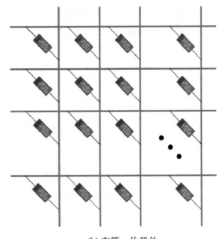

(b) 存算一体器件

图6-2　感算一体与存算一体器件

（PCM）等均可作为存算一体的硬件选择[6,25]。因此，构建一个高能效的类脑处理系统离不开感算一体器件与存算一体器件的双轨发展。

6.3 感算一体器件

生物神经系统通过感受器实时接收自然界产生的信息。这些信息以高度并行的方式源源不断地传入大脑皮层，产生了视觉、听觉、嗅觉、触觉等。其中，视觉信息占据了信息总量的80%以上。生物神经系统这种实时接收并高效处理外界信息的能力，是人工智能技术持续追求的目标之一。近十年来，二维材料及范德瓦耳斯异质结在光、电、磁、热、应力等多方面均展现了出色的易受调控的能力[18,26-28]。如果应用于信息的同步感知，将为模拟生物神经系统感受器提供可行的解决方案[29]。

视网膜是一种具备感觉光信息，并同时进行信息预处理的垂直分层结构，主要包括感光细胞、水平细胞、双极细胞等[30,31]。对视网膜结构和功能的解析，有助于我们对人类视觉系统强大的信息处理能力进行重构和迁移。一束光入射到视网膜后，感光细胞负责将光信号转化为电信号。当电信号流经双极细胞时，双极细胞的内禀生物特性会对电信号进一步加工与处理。处理后的视觉信息仅被保留主要的图像特征，并进一步向大脑皮层视觉中枢传递[32]。借鉴生物视网膜这种信息探测与同步处理的行为，南京大学团队近期提出了基于二维材料垂直异质结的视网膜形态传感器 [图6-3（a）][33]。视网膜形态传感器首先需要具备感光的功能。大多数二维半导体材料，如硒化钨、硫化钼、硫化铼等，其带隙与可见光波段的光子能量是匹配的。少部分窄带隙二维材料，如黑磷、黑砷磷，可以将感光范围拓宽至红外波段[34,35]。因此，研究人员可以根据不同的感光范围，选择与之能带匹配的二维材料作为感光层。其次，视网膜形态传感器需要模拟双极细胞的生物功能。双极细胞是一类将感光细胞传来的视觉神经冲动转化为正/负两种不同响应极性的细胞。该团队发现，对于薄层硒化钨、氮化硼、氧化铝垂直堆叠而成的异质结器件，通过调控背栅电压的大小与极性，可以实现对双极细胞正/负光响应的模拟 [图6-3（b）]。进一步，视网膜形态传感器被组装成一个3×3的小型阵列，从而可以通过调节背栅电压的方式，将计算机图像处理中常用的卷积核映射到阵列中 [图6-3（c）]。在实验中，该团队展示了对南京大学校徽图片的边缘增强、风格化、强度校正等图像处理效果，并通过该阵列训练了一个小型的卷积神经网络，成功实现了对"N""J""U"字母的识别。最后，该团队将预处理后的图像信息输入神经网络进行识别，预处理后的图像相对于原图像展示出更快的识别收敛速度[36]。这一系列工作首次利用二维材料范德瓦耳斯异质结的特性模拟了人类视网膜的结构和功能，有望为新型类脑视觉芯片的实现提供物理基础和技术支撑。

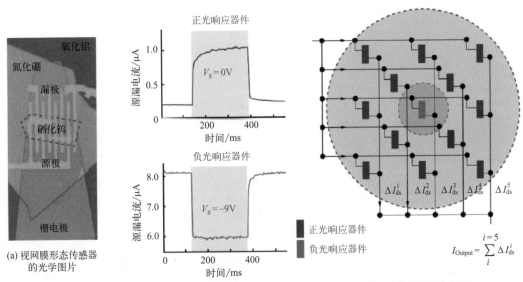

(a) 视网膜形态传感器
的光学图片

(b) 视网膜形态传感器的正/负光响应，以及视网膜形态传感器阵列示意图

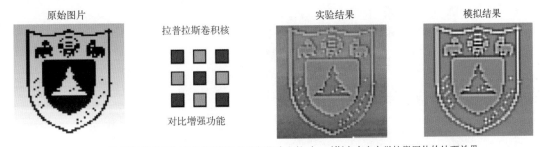

(c) 视网膜形态传感器被编程为拉普拉斯卷积核时，对渐变南京大学校徽图片的处理效果

图6-3　感算一体器件与图像处理应用[33]

　　同时，维也纳科技大学研究团队利用二维材料的光电性质和电场调控能力，构建了一类神经网络图像传感器 [图6-4（a）][37]。这类图像传感器可以感知和识别出简单的字母，所花费的时间仅有几十纳秒！器件具有如此优异的性能表现，与二维材料自身的物理性质有很大关系。他们选择的图像传感器沟道材料是具有双极性的硒化钨，图像传感器的单个像素采用的是分立栅（split gate）晶体管结构，两个栅极之间存在300nm左右的狭缝。受分离栅施加的垂直方向电场的调控，硒化钨器件会变成一个横向PN结（或NP结）的光电二极管，结区势垒高度随分离栅施加的电场而变化。栅极1与栅极2施加的电压信号能够调节二极管的光响应灵敏度。对于单个像素来说，测得的光电流I与光响应灵敏度R之间满足如下关系：$I=RP$，式中，P为单个像素的入射光强。这是将单个像素组装成具有识别图像信息能力的神经网络图像传感器的物理基础。通过对器件进行集成，该团队最终制备了3×3大小的神经网络图像传感器，其中每一个像素拥有3个PN结（或NP结）光电二极管 [图6-4（b）]。每一个光电二极管分别与其他8个像素内同样位置的二极管相连接，形成9×3的人工神经网络。对

于神经网络图像传感器来说，最终测得的光电流满足如下关系：$I_m = \sum\limits_{n-1}^{N} I_{mn} = \sum\limits_{n-1}^{N} R_{mn} P_n$。

光响应灵敏度代表人工神经网络中的突触权重值，即此处的R_{mn}。经过训练后，该神经网络图像传感器可以实现对3×3图像的识别和编码/解码。

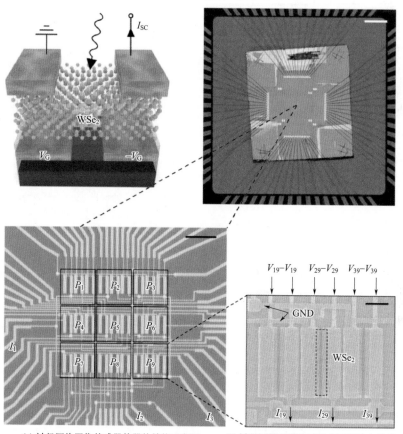

(a) 神经网络图像传感器的器件结构示意图

(b) 神经网络图像传感器在两种放大倍数下的光学图片(比例尺：2mm，15μm)以及电镜图片(比例尺：3μm)(其中GND是电线接地端)

图6-4 感算一体器件与人工神经网络应用[34]

6.4 存算一体器件

正如上面所提到的，存算一体器件发展至今，已经衍生出了许多类别的硬件原型。而二维材料及范德瓦耳斯异质结凭借其独特的性质，在存算一体器件发展历程中扮演了重要的角色[38]。它们常常被用于改善存算一体器件的性能，或直接赋予器件全新多样的功能。近年来，基于二维材料和范德瓦耳斯异质结的存算一体器件，在国内外均有报道，其阻态开关机制包括但不限于导电细丝[39,40]（conductive filament）、电荷交换[23,41,42]（charge transfer）、材料相变[43]（phase transition）、离子插层[44,45]（ions intercalation）等。在本节中，我们将从二维材料及异质结的自身特点出发，着眼于其对存算一体器件带来的性能提升，选择几个代表性工作进行介绍。

忆阻器被认为是最有潜力用于模拟人工神经网络中突触的器件之一。1971 年，美国加州大学伯克利分校的蔡少棠（Leon Chua）从理论上预言了忆阻器这类器件[46]；2008 年，美国惠普实验室 R. Stan Williams 团队首次利用金属/金属氧化物/金属三明治结构证实了忆阻器的存在[5]。此后，金属氧化物忆阻器得到迅速发展，从小规模阵列逐步走向类脑计算芯片原型。与此同时，金属氧化物忆阻器的均一性、可靠性、稳定性等问题一直困扰着研究人员。随着人们对二维材料性能认知的逐步深入，开始有研究团队尝试在金属氧化物忆阻器中引入二维材料，用于解决活性金属导电细丝难以控制等问题[47-50]。

2018 年，南京大学团队利用石墨烯作为电极材料，氧化硫化钼作为开关介质层，制备了范德瓦耳斯垂直异质结 [图 6-5（a）][51]。这种纯二维材料的忆阻器由于具有原子级锐度的范德瓦耳斯界面，展现出媲美传统忆阻器的稳定开关性能，擦写次数大于千万次，擦写时间小于 100ns。值得一提的是，由于石墨烯和氧硫化钼具有超高的热稳定性，以及石墨烯电极极佳的抗穿透性，使该忆阻器在高达 340℃ 的工作温度下仍具有稳定的擦写性能。这是对传统金属氧化物忆阻器性能极限的一大突破，使存算一体器件在极端环境下的应用成为可能。

同时，利用单种二维材料作为忆阻器开关层，普通金属作为电极，利用二维材料生长获取过程中产生的晶界、位错、缺陷等来实现忆阻器开关的设计思路，也得到了众多关注[40,52-58]。例如，美国西北大学团队报道了利用化学气相沉积（CVD）生长的单层硫化钼中的晶界（grain boundary）移动实现了平面结构忆阻器的工作 [图 6-5（b）][53]。美国得克萨斯大学奥斯汀分校团队在 CVD 生长的单层硫化钼、硒化钼、硫化钨、硒化钨以及氮化硼垂直结构中均发现了忆阻开关现象，从而将非易失性存储器的垂直开关层厚度推至原子级[55,59]。此外，苏州大学团队在 CVD 生长的多层氮化硼垂直结构中也观察到忆阻现象，并且利用其可调的存储特性模拟了突触可塑性行为[40]。

二维材料凭借其多样的物性调控自由度，为存算一体器件拓展了更广泛的应用场景。例如，美国南加州大学团队将二维层状黑磷和硒化锡堆叠成垂直异质结 [图 6-5（c）]，并将其制备成晶体管型的类脑器件，利用电场调控该垂直异质结的界面能带匹配，成功模拟了突触兴奋和抑制两种状态的转变[41]。华中科技大学和中国科学院上海技术物理研究所合作团队利用二维材料与铁电材料近邻耦合的物理机制，用相同的器件结构分别实现了外围电路和存储器的设计[60]。一方面，铁电极化层为二维材料沟道提供电学掺杂的非易失性电场，从而可以构建 PN 结或双极结型

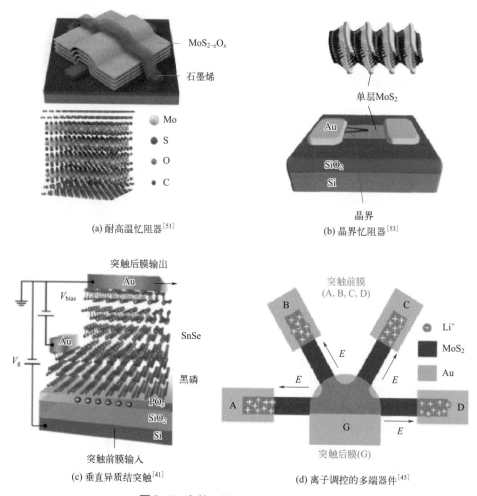

(a) 耐高温忆阻器[51]

(b) 晶界忆阻器[53]

(c) 垂直异质结突触[41]

(d) 离子调控的多端器件[45]

图6-5　存算一体器件与人工突触应用

晶体管（BJT）等器件。这些器件作为构建运算放大器的基本器件单元，有助于推动外围电路设计。另一方面，铁电畴的极化翻转可以改变BJT结区的内建势垒，可用于设计非易失性存储器件。二维层状材料具有多种不同的晶格结构，这些晶格结构具有不同的导电性，并能够通过掺杂手段实现相互转化。美国密歇根大学团队通过电场驱动锂离子在硫化钼层间的水平迁移，通过改变材料内锂离子的浓度使硫化钼发生由2H相（半导体相）到1T′相（金属相）的转变［图6-5（d）][45]，利用电场调控的离子迁移实现相变，他们成功模拟了生物神经系统中突触间协作与竞争的关系。

　　器件结构的合理设计通常会为器件引入更丰富多样的功能。例如，复旦大学团队基于二维层状材料硫化钼，制备了具有顶栅和底栅两个栅极结构的晶体管［图6-6（a）][61]。当硫化钼厚度相当薄，大约在几个原子范围内（实验证实小于4nm）时，可认为顶栅和底栅调控同一平面的沟道载流子。在这种情况下，每一个栅极的电压均可以耗尽硫化钼沟道中的载流子。只有两个栅极电压均大于硫化钼阈值电压，方可使硫化钼沟道处于开启态。如果将栅极的电信号输入等效为逻辑输入，源漏的电流输出视为逻辑输出，则只需要一个硫化钼器件，即可实现 AND 逻辑门的计算。与此同时，任何使硫化钼沟道内载流子数目增加的外界调控因素（如光照），均可以使该硫化钼器件的 AND 逻辑切换为 OR 逻辑。这种逻辑状态可以通过在硫化钼的底栅介质中插入石墨烯形成浮栅器件而得以保留，最终在一个器件融合了逻辑运算和原位存储两大功能。除了利用垂直双栅结构，水平分立栅结构器件也具有可重构的能力。例如，南京大学团队运用二维材料硒化钨的双极性场效应特性和出色的电场调节能力，设计出分立栅结构的二维可调同质结器件[23]（Electrically Tunable Homo junctions，ETH）[图6-6（b）]。通过源漏电压和两个分立栅电压的独立调控，ETH 器件共表现出8种丰富的电流开关状态，进而实现 P 型/N 型场效应晶体管、正/反偏二极管等多种开关功能的切换。基于 ETH 器件的可重构逻辑电路，在保持大幅度降低晶体管数目、简化电路架构的同时，仍具备与传统硅基技术相媲美的信号输出质量。此外，研究人员将3个 ETH 器件与1个电容元件进行互联，设计出了可重构的突触电路，实现了对突触时间脉冲依赖可塑性（STDP）、赫布（hebbian）/反赫布（anti-hebbian）学习规则的模拟。

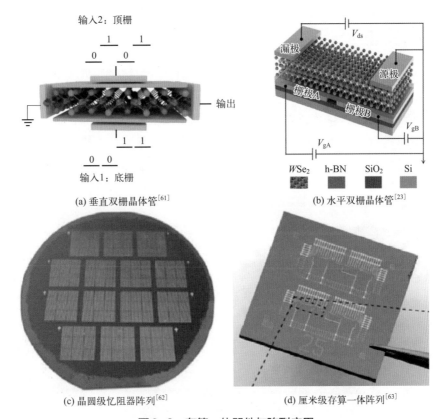

(a) 垂直双栅晶体管[61]　　　　(b) 水平双栅晶体管[23]

(c) 晶圆级忆阻器阵列[62]　　　　(d) 厘米级存算一体阵列[63]

图6-6　存算一体器件与阵列应用

随着材料生长工艺的逐步突破，基于二维材料的存算一体器件正在向较大规模集成应用的目标稳步发展。2020年，苏州大学团队实现了六方氮化硼的晶圆级生长，并将其制备成较高密度的忆阻器交叉阵列［图6-6（c）］[62]。整个忆阻器阵列保持着98%的器件良率，较低的循环测试差异性（1.53%）和器件之间差异性（5.74%），展现了二维材料忆阻器阵列实现大规模应用的潜力。2020年，瑞士洛桑联邦理工学院团队用金属有机化学气相沉积（MOCVD）生长的单层硫化钼作为浮栅晶体管的沟道层，实现了厘米级存算一体阵列［图6-6（d）］的功能展示[63]。研究人员利用硫化钼阈值电压受到浮栅层中存储电荷数目和栅极电压的共同影响，实现了整体高电平、反相器、整体低电平三种状态的切换。通过分别控制多个级联的硫化钼浮栅器件内部存储的电荷量，可以实现具有NAND、XOR、加法器等功能较复杂的逻辑电路，大幅简化了电路结构。复旦大学团队利用机器学习算法，通过对影响二维材料器件电学性能的关键工艺参数进行评估，优化了MoS_2顶栅晶体管的制备工艺，并采用工业标准设计流程和工艺实现了晶圆级器件与电路的制造和测试[64]。这一系列工作充分展示了在未来存算一体器件的系统级应用方面，二维材料所具有的卓越潜力。

总结与展望

将二维材料的独特物性用于设计和组装类脑器件，无疑是为逆向脑工程提供了一种可行且具备优势的解决思路。二维材料"原子乐高"可堆叠的能力，为灵活地设计实现不同类型的二维材料功能层提供了前所未有的强大手段。可期望在未来一段时间内，以二维材料和范德瓦耳斯异质结为材料基础的感/存/算一体器件，将作为相关领域研究人员的设计原型，用于实现低能耗、低延迟、高并行度的类脑信息处理系统，并逐步走向应用。

同时，基于二维材料的类脑器件的发展也将为类脑计算领域带来更多的机遇与新的挑战。第一，大规模阵列的类脑芯片功能展示，对二维材料和范德瓦耳斯异质结大面积合成工艺与转移工艺提出了极高的要求。近年来，我国研究人员持续在石墨烯[65-67]、六方氮化硼[68,69]、过渡金属硫族化物[70-72]等二维体系中实现低成本、大面积、高质量的材料合成。但是，对于一些已被证实具有优异物性的二维材料及人工异质结，例如黑磷，其大面积生长工艺仍未取得突破。此外，材料转移过程中引入的褶皱、缺陷、杂质对器件均一性和良率的影响不容忽视，甚至可能导致器件性能的退化。第二，在新型类脑器件的发展历程中，器件物理始终是连接材料体系与生物模型的桥梁。对于物理学领域相关的研究人员来说，探索二维材料及异质结的独特物性和新型器件物理，将为实现更具生物相似性，甚至远超生物体功能的类脑器件原型提供原始和基础的推动力。例如，利用范德瓦耳斯异质结中自旋轨道转矩以及铁电极化等材料物性，可以实现超低功耗的存算一体处理器[73]。通过对二维材料能带结构的多自由度调控，设计实现宽光谱、宽动态范围的范德瓦耳斯异质结器件，可以使图像处理器具有接近甚至超越人眼视网膜的视觉信息处理能力。第三，目前二维材料类脑芯片尚未建立起统一的技术路线以及评价标准。随着器件制备工艺日趋成熟，对器件均一性和良率等建立统一的标准[74]，是将二维材料类脑器件推向系统级应用必不可少的一环。第四，多学科融合面临的挑战。二维材料类脑芯片以及类脑系统的设计中，离不开神经生物学、数学、物理学、计算机和集成电路等多学科的交叉创新。在这个层面上，实现以神经生物学为理论基础，通过数学模型逐步抽象、物理学的底层硬件设计、相匹配的算法支持及成熟外部电路的控制，最终使机器"更加类脑化"一步步成为现实。为了达到这一目标，我们仍需付出更多努力。

参考文献

参考文献

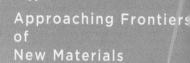

第 7 章

拓扑磁结构材料——从磁作用到下一代计算存储器件

杨洪新　尕永龙　王黎明　于东星　等

　　磁性材料在日常生活中有着非常广泛的应用，例如手机中的扬声器、电子罗盘和新能源汽车的电动机等。新型磁性材料的开发与我们的生活息息相关。一方面，材料的磁响应在很大程度上取决于其电子的固有角动量或与自旋相关的磁偶极矩。通常材料对施加磁场的响应可以表现为抗磁性、顺磁性、铁磁性或反铁磁性。另一方面，拓扑性质是材料科学中颇受关注的方向之一。而在磁性材料中，实空间和倒易空间中的贝利曲率会诱导许多新的拓扑物理现象，例如磁斯格明子和外尔费米子等[1,2]。这里我们主要从近些年来实验和理论的发展出发，集中介绍实空间的拓扑准粒子材料，具体为纳米尺度的类涡旋拓扑自旋结构，如磁斯格明子、双麦刃、手性磁畴、涡旋结构等。这类材料所拥有的拓扑性质和电磁特性，最近引起了极大的关注。特别是其在未来计算应用中的前景和这些磁性物体所呈现的令人着迷的基础物理学，使磁性结构的研究成为当今自旋电子学的关键领域之一。

7.1　什么是拓扑磁结构材料

　　在常见的磁性材料中，磁矩由于海森堡交换耦合作用通常呈现出平行（铁磁）或反平行（反铁磁）等共线性排列。但是除了海森堡交换耦合作用，磁性系统中还有可能存在使磁矩排布发生扭转的磁相互作用。这些相互作用会促使磁矩表现出不同拓扑特性的非共线性排列。拓扑磁结构材料就是指因具有拓扑非平庸磁结构而显示其特性的材料。从微观的能量角度分析，这些丰富的拓扑磁结构的形成通常来源于海森堡交换耦合作用、磁各向异性能、Dzyaloshinskii–Moriya（DM）相互作用以及偶极相互作用能等的相互竞争，在后面的讨论中我们会做详细的介绍。

　　下面我们就近些年特别受关注的拓扑磁结构做一个详细的介绍：

　　① 磁斯格明子（skyrmion）是一种类涡旋的手性自旋螺旋结构，其内部的自旋以固定的手性从一个边缘的向上方向逐渐旋转到中心的向下方向，然后在另一边缘再次向上方向旋转，因此其拓扑荷为 1。由于其尺寸小、稳定性高以及驱动电流密度低等优点，长期以来一直受到非常广泛的关注。磁斯格明子存在两种典型的类型，分别为 Néel 型和 Bloch 型，如图 7-1（a）、（b）所示。Néel 型通常存在于界面体系的材料中，例如界面反演对称性破缺的铁磁和重金属薄膜体系 Fe/Ir，Pt/Co/MgO 等；Bloch 型通常存在于块体的磁性材料中，例如，2009 年在中心反演对称性破缺的 B20 体系 MnSi、FeGe 等单晶体系中报道了磁斯格明子态的存在。

　　② 双麦刃（bimeron）是由麦刃和反麦刃（或涡旋和反涡旋）对组成的拓扑数为 1 的准粒子，可以被理解为两个极性相反的半斯格明子的组合。这种磁结构可以通过将磁斯格明子结构旋转 90° 获得，具体见图 7-1（c）。这种结构可存在于具有面内磁晶各向异性的磁体中，磁化的平面分量是关于准粒子中心径向对称的平面分

量；与双麦刃外部区域铁磁体的饱和磁化强度对齐，并指向中心的相反方向。

③ 手性磁畴（chiral domain wall）一般存在于铁磁体内部为降低体系静磁能而产生分化的方向各异的小型磁化区域。单个磁畴内部磁化强度的方向相同，而不同磁畴之间的磁化强度存在差异。不同磁畴之间的交界面称为磁畴壁（DW），磁畴壁可以划分为Bloch型和Néel型两种类型。在Bloch型中，磁矩在平行于壁面的平面内旋转；而在Néel型中，磁矩在垂直于壁面的平面内旋转。实验中直接在Cu/Fe/Ni观测到的Néel型磁畴，具体如图7-1（i）、（j）所示。

④ 涡旋（vortex）通常是具有小磁晶各向异性的几何限制铁磁体中的基态。它们由磁盘平面中的磁化卷曲和位于中心的涡核组成，其中磁化点垂直于该平面，其拓扑荷为半整数，如图7-1（d）所示。

⑤ 斯格明子管［skyrmion tube，见图7-1（e）］类似于我们熟知的二维斯格明子态，在实际的磁性材料中，斯格明子可以是细长的管状物体，延伸穿过它们周围的材料。如果这种管状的结构逐渐由二维斯格明子演变为一个Bloch点，便是磁浮子结构；而这种管状结构团聚在一起可以形成斯格明子束。这些结构对于未来自旋电子学的应用具有重要的意义[3]。

⑥ 磁浮子［bobber，见图7-1（f）］是存在于各种厚度和应用场中的最低能量亚稳态，它表现出高热稳定性，可以存在于大块手性磁体表面、薄膜或手性磁体异质结构中，例如FeGe薄膜以及Cu_2OSeO_3/$[Ta/CoFeB/MgO]_4$等[4]。这种结构在很宽的磁性参数范围内和磁斯格明子共存。这种新型粒子对于将原子级奇点作为自旋电子器件设计中的新概念而引入有潜在的价值和意义。

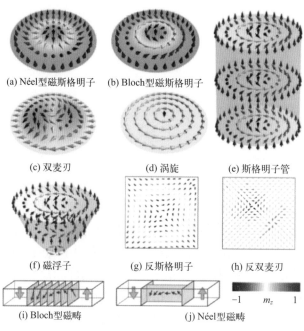

(a) Néel型磁斯格明子　　(b) Bloch型磁斯格明子

(c) 双麦刃　　　　(d) 涡旋　　　　(e) 斯格明子管

(f) 磁浮子　　　(g) 反斯格明子　　　(h) 反双麦刃

-1　　m_z　　1

(i) Bloch型磁畴　　　　　　(j) Néel型磁畴

图7-1　二维及三维磁性材料中拓扑手性磁结构的示意图[5]

在上述的内容中，我们介绍了近些年来理论和实验上报道的在磁性材料中的手性粒子。基于这些新奇的结构，探索它们在自旋电流下的可操控性，包括其产生、湮灭、融合等性质，对于未来的实际器件的应用具有极其重要的意义。2008年，Parkin 等人提出了使用自旋极化的电流驱动手性磁畴壁的运动，可以极大地提高存储器件的读取速率至纳秒量级，比目前通用的机械存储提高了将近 6 个数量级。更进一步，2013 年，诺贝尔奖获得者物理学家 Fert 教授提出了基于新型的拓扑准粒子——磁斯格明子设计的赛道存储器，不仅可以极大地提高信息读取速率，同时可以有效降低临界电流驱动密度达 6 个数量级。除此之外，近些年针对新发现的拓扑磁结构，后续报道相继提出设计斯格明子逻辑门、斯格明子基赛道存储器等。然而，需要指出的是，由于这些磁结构的类粒子的拓扑性质，其类似于电子在电流驱动过程中受到磁场的作用力而向垂直于电流方向偏转的霍尔效应。它们同样在自旋极化的电流驱动下受到马格努斯力的作用向垂直于电流的方向运动，我们称为斯格明子霍尔效应。这种效应会将斯格明子推向设计器件的边缘，在那里它们可能会反弹或被湮灭消失。理论和实验上的结果表明通过构造人工反铁磁结构，使两个具有相反拓扑荷的磁斯格明子之间相互耦合，可以抑制由于马格努斯力所引起的斯格明子霍尔效应。另外，最近理论和实验的结果相继报道了一种拥有各向异性 DM相互作用的反拓扑磁结构，例如，反斯格明子、反双麦刃等，如图 7-1（g）、（h）所示[6,7]。当施加电流在相对于其内部磁结构的特定方向上时，可以实现零斯格明子霍尔角。这些结果不仅揭示了这种手性离子非常有趣的物理现象，更对未来设计超高密度信息存储器和自旋电子学器件开辟了新的道路。

7.2 拓扑磁结构的来源

7.2.1 相互竞争的磁相互作用

磁性体系特性由该体系的磁相互作用决定。拓扑磁结构本质是一种扭曲的自旋结构，其形成是多种磁相互作用竞争的结果，除需要常见的磁相互作用（例如海森堡交换相互作用和磁各向异性能）以外，还需要额外引入其他相互作用以扭转两个相邻磁性位点的自旋方向。这些相互作用包括长程的磁偶极相互作用、DM 相互作用、阻挫交换相互作用和四自旋交换相互作用。下面介绍几种重要的磁相互作用（图 7-2）。

（1）磁各向异性能 材料的磁各向异性决定了磁化的优选方向。通常，磁各向异性主要取决于两个因素：自旋-轨道耦合（spin-orbit coupling）和静磁偶极-偶极相互作用。这两个因素分别有助于形成磁晶各向异性和形状各向异性。在磁性薄膜材料

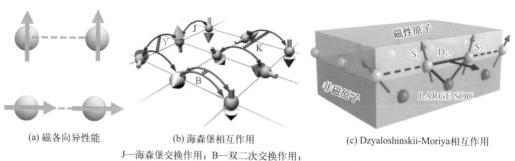

(a) 磁各向异性能　　(b) 海森堡相互作用　　(c) Dzyaloshinskii-Moriya相互作用

J—海森堡交换作用；B—双二次交换作用；
Y—三自旋交换作用；K—四位点四自旋交换作用

图7-2　几种重要的磁相互作用

中通常前者使磁化方向倾向于面外，而后者使磁化方向倾向于面内。一个系统的有效各向异性能由磁晶各向异性和形状各向异性的竞争所决定。在磁存储器件中，磁晶各向异性能的强度很大程度上决定了器件的寿命，而在二维磁体中（如 $CrGeTe_3$、CrI_3 和 $FePS_3$ 薄膜），垂直磁晶各向异性能对于自旋抵抗热扰动从而保持长程序至关重要。

（2）海森堡相互作用　这是海森堡通过推广两个氢原子体系的相互作用，考虑电子自旋波函数，由泡利不相容原理获得的第一个铁磁性的微观理论。该理论告诉我们磁体的磁性源于自旋交换作用。海森堡相互作用描述了自旋之间的线性耦合，该作用倾向于使自旋平行或反平行排列，也就是形成线性的铁磁、反铁磁或亚铁磁态。

（3）DM相互作用　DM相互作用是一种不对称的磁相互作用，它可以出现在局部或全局空间反演对称性破缺的晶体中。其能量与自旋轨道耦合强度成比例，通常小于对称交换相互作用（海森堡相互作用）。DM相互作用的本质是晶体空间反演对称性破缺后自旋轨道耦合作用的高阶效应。两个自旋 S_i 和 S_j 之间的DM相互作用能量形式可以写成 $E_{DM}=D_{ij}\cdot(S_i\times S_j)$，式中，$D_{ij}$ 为DM相互作用矢量，自旋叉乘意味着该相互作用可以使两个相邻的自旋产生倾斜排列。产生具有强的DM相互作用的体系有两个必要条件：第一是空间反演对称性破缺；第二是体系存在较强的自旋轨道耦合效应。近年来，许多实验和理论上的报道揭示了在3D和5D金属界面以及Janus二维材料体系中存在着大的DM相互作用，如Co/Pt以及MnSTe材料体系中，如图7-3（a）和（b）所示[8,9]。另外，随着近年来二维材料在实验合成方面取得了一系列进展，理论报道也揭示了DM相互作用可以在丰富的二维材料体系中被诱导出来，例如非磁和铁磁异质结、插层以及几何设计等结构[10-13]，如图7-3（c）～（e）所示。从产生机制来看，DM相互作用的产生通常有两种来源：第一是Fert-Lévy型；第二是Rashba型。20世纪初，Fert和Lévy[14]研究了含有少量（1%或2%）Mn杂质和重非磁性原子L的CuMnL三元合金，其中L代表Au或Pt，磁矩位于锰原子上，相邻两个锰原子的自旋被具有强SOC的重原子L散射。这种相邻两个磁性原子的自旋由于受到第三个具有强自旋轨道耦合效应的重金属元素的散射而导致倾斜的相互作用称为三位点Fert-Lévy机制[8,15]。三位点Fert-Lévy机制是一种短程相互作用，DM相互作用随两个磁原子间距的增加而急剧减小。此外，在不含重金属的体系中，DM相互作用也可以通过Rashba效应产生。Rashba型DM相互作用通常产生于包含磁体和非磁的轻元素体系[16]。在这种体系中，尽管较轻的元素SOC强度比较弱，但是界面处的电势差可以作为散射电子自旋的有效位点，从而诱导出较强的DM相互作用，这种产生机制称为Rashba型DM相互作用[16-18]。值得注意的是，实验上的报道证实了在轻元素界面材料，如Co/石墨烯（或h-BN）、3D金属/氧化物界面以及O和H元素化学吸附在3D金属表面等体系，可以诱导可观的DM值[16-20]，如图7-3（f）和（g）所示。

（4）磁高阶相互作用 磁高阶相互作用主要包括双二次交换作用、三自旋交换作用和四位点四自旋交换作用[21]。不同于海森堡相互作用，磁高阶相互作用描述了多个自旋在多个磁性位点跳跃。虽然其强度通常小于海森堡作用的值，但它也会对体系的磁性有很大的影响，例如影响拓扑磁结构的形成。

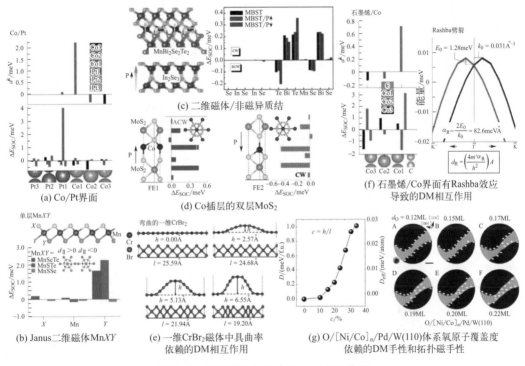

图7-3 不同磁性体系中的DM相互作用

7.2.2 拓扑磁结构的形成机制

当不同的磁相互作用竞争时，磁性材料中会涌现出非常丰富的拓扑磁结构。以备受关注的磁斯格明子为例，有序系统中稳定磁斯格明子的机制主要包括以下4种。

（1）长程磁偶极相互作用机制 在具有垂直易轴各向异性的磁性薄膜中，磁偶极相互作用倾向于平面内磁化，而各向异性倾向于平面外磁化。这两种相互作用之间的竞争导致自旋旋转周期性条纹，其中磁化在垂直于薄膜的平面内旋转。垂直于薄膜平面的外加磁场可以将周期性排列的条纹转变为周期性排列的磁泡或磁斯格明子。在这种机制下形成的斯格明子比手性磁体中的斯格明子尺寸大几个数量级[22,23]。

（2）DM相互作用机制　　DM相互作用倾向于使两个自旋垂直排列，因而可以让邻近的两个自旋产生倾斜。在中心对称结构破缺的磁性体系中，DM相互作用和倾向于使自旋平行或反平行排列的海森堡相互作用竞争，使磁斯格明子在铁磁态背景中所具有的能量最低，进而使其能够稳定存在。由DM相互作用诱导拓扑磁是目前最受关注的一种机制，这是因为DM相互作用所产生的磁斯格明子比磁偶极-偶极相互作用下的磁斯格明子尺寸以及驱动电流更小，从能源消耗的角度来看更有利于应用在基于磁斯格明子的电子器件中。另一个原因是人们可以在磁性/非磁重金属异质中，通过调控磁性或非磁元素和不同元素层的层厚，来调控DM相互作用、各向异性能和海森堡交换强度，进而调控拓扑磁结构。在这种机制下，磁斯格明子的尺寸由DM相互作用决定，且大于材料的晶格常数，通常为5～100nm[24,25]。

（3）阻挫交换相互作用机制　　这是一种由巡游电子介导的长程相互作用机制。当距离最近的相邻磁性位点以外的磁性位点之间存在长程磁相互作用时候，体系有时会导致磁挫。例如最近邻磁交换作用和次近邻或第三近邻交换作用的符号相反（如铁磁交换和反铁磁交换）。磁阻挫的体系能够形成各种非共线自旋结构，如自旋螺旋[26]。

（4）四自旋交换相互作用机制　　四自旋交换相互作用机制是一种磁高阶相互作用，不同于海森堡模型描述的单个电子在两个磁位点的跃迁，四自旋相互作用涉及4个自旋在4个磁性位点的跃迁[27]。通常条件下，高阶相互作用强度远小于海森堡交换作用，但在一些特定的体系中，四自旋交换作用对于稳定拓扑磁结构至关重要。例如在Fe/Ir薄膜体系中，四自旋交换相互作用占据主导地位，它和DM相互作用以及其他的相互作用竞争导致了斯格明子晶格的产生。此外，在这种机制主导下，多种拓扑磁相甚至可以共存。例如在单层Fe_3GeTe_2结构中可以同时存在Néel型和Bloch型磁斯格明子[28]。这种机制和上述由阻挫交换相互作用下形成的拓扑磁结构的尺寸都比较小，可以达到1nm。

7.3　拓扑磁结构材料的分类

前面我们了解了什么是拓扑磁结构材料以及拓扑磁结构的来源，接下来我们介绍存在拓扑磁结构的材料到底有哪些，这些材料又该如何划分归类。我们知道拓扑磁结构的形成需要一些独特的物理机制，这些物理机制导致了不同的拓扑磁结构只存在于满足一定条件的材料体系。目前，实验上验证能存在磁斯格明子的材料体系有很多，如果从结构物性来分，可以分为以下几类[29]。

7.3.1　手性磁体

手性磁体是一类具有非中心对称结构的磁体。在这类体系中，B20型化合物是最为著名的手性磁体，也是人们最早在实验上观测到磁斯格明子的材料体系，如图7-4（a）所示。不同的手性磁体尽管在特征量［如磁转变温度、磁调制周期和电子结构（即金属、半导体或绝缘体）］方面存在很大差异，但它们的磁相图却非常相似。这源于斯格明子形成过程中所涉及的磁相互作用中能量层次的分离。下面介绍几种有代表性的手性磁体。B20化合物由过渡金属和第14族元素（Si、Ge或Sn）组成，组成比为1∶1。它们结晶为具有空间群$P2_13$的手性立方晶格结构。存在两种对映体，即左旋和右旋原子排列。从[111]晶体轴的两个对映体视图中可以明显看出，它们具有过渡金属（蓝色球体）或第14族原子（灰色球体）的相反螺旋堆叠。在该类材料中，结构空间反演对称性的破坏导致了DM相互作用的产生，它使每个相邻的磁性原子自旋方向产生倾斜，从而导致形成具有长调制周期（通常为10～100nm）的螺旋磁和斯格明子自旋结构。利用小角中子散射技术，Muählbauer等于2010年首次在MnSi中发现了斯格明子晶格的形成。随后人们又利用洛伦兹电镜技术在该体系中成功探测到了斯格明子的自旋排列信息。此外，人们也在其他B20材料体系，包括Co掺杂的FeSi，如$Fe_{1-x}Co_xSi(x=0.5)$[30]、MnGe[31]和$MnSi_{1-x}Ge_x$[32]材料中证实了拓扑磁结构的存在。

除了上述的B20材料，β-Mn型结构的Co-Zn-Mn[33,34]合金家族材料是手性磁体中的一个新的重要成员，如图7-4（b）所示。它们的立方手性晶格属于空间群$P4_132/P4_332$。这种材料系统的显著特点是可以在室温条件下稳定地形成磁斯格明子，这对于实现基于磁斯格明子的器件至关重要。此外，这种材料可以在较广泛的范围内进行掺杂或固溶，这使人们能够对材料的多个参数进行工程设计，例如无序、磁各向异性和磁阻挫，这导致在该材料体系可以实现各种各样的斯格明子状态和相关的不同拓扑自旋晶体，例如室温下稳定存在的亚稳态磁斯格明子、磁斯格明子正方形晶格、无序磁斯格明子和麦刃-反麦刃晶格。在这类材料体系中，拓扑磁结构主要来源于磁阻挫相互作用，其他相互作用，包括DM相互作用及各向异性能也对稳定拓扑磁结构有着重要的作用。

手性磁体中的另一类代表就是具有D_{2D}空间群的晶体，如图7-4（c）所示。这是一类具有高对称晶格（例如立方体）的非中心对称的手性磁体，其中的代表性材料称为反Heusler化合物$Mn_{1.4}Pt_{0.9}Pd_{0.1}Sn$[35]。由于其独特的结构对称性，DM矢量在沿$x$和$y$方向具有相反的符号，因而具有各向异性的特点，这也导致了在不同的方向上自旋翻转的手性是相反的。因此，这类材料倾向于形成反斯格明子，例如铁磁

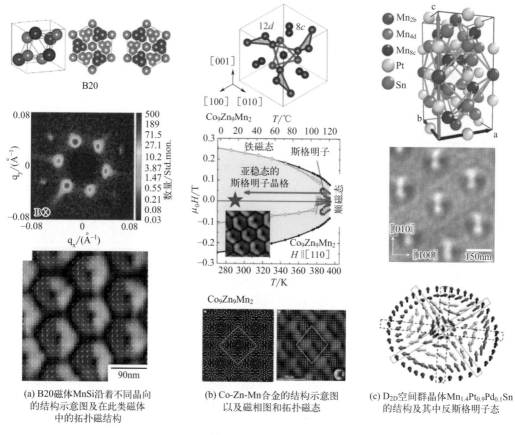

(a) B20磁体MnSi沿着不同晶向的结构示意图及在此类磁体中的拓扑磁结构

(b) Co-Zn-Mn合金的结构示意图以及磁相图和拓扑磁态

(c) D_{2D}空间群晶体$Mn_{1.4}Pt_{0.9}Pd_{0.1}Sn$的结构及其中反斯格明子态

图7-4 手性磁体

反斯格明子和反铁磁斯格明子。值得注意的是，最近人们预测了可以在一些具有D_{2D}对称性的二维磁体家族实现多种拓扑磁结构，如MAX_2[36]材料，其中，A和M代表3D过渡金属元素，X代表第六或第七主族元素。

7.3.2 极性磁体

在能产生拓扑磁结构的材料中，极性磁体是尤为重要的一类材料。在这里主要介绍三类极性磁体，分别是块体、薄膜异质结和二维磁体。在这三类极性磁体中，空间反演对称性的破缺导致了不对称的DM相互作用，它和海森堡交换作用、磁晶各向异性能等磁相互作用的竞争可以产生稳定的Néel型磁斯格明子，这有别于B20化合物（手性晶体）中的Bloch型斯格明子和四方反Heusler化合物（D_{2D}空间群晶体）中的反斯格明子。在这些材料中，人们实现了室温稳定的斯格明子态。从应用的角度来看，人们可以在磁性薄膜体系中实现孤立稳定的斯格明子，并在室温条件下进行电学操控，这对其应用来说至关重要。

首先是极性非晶态块体铁磁体GaV_4X_8（X=S或Se）[37]，它是人们发现的第一种可以实现Néel型斯格明子的块体材料，如图7-5（a）所示。晶体结构由（V_4X_4）$^{5+}$和（GaX_4）$^{-5}$交替排列组成并形成岩盐型结构。这种材料可以在传统的尖晶石结构AM_2X_4中通过去除一个A位点离子来得到。与手性磁体一样，在该类材料体系中，由于铁磁交换相互作用和DM相互作用之间的竞争形成了长周期自旋螺旋态和斯格明子结构。然而，与手性磁体相比，在特定的极性C_{3v}点群条件下，DM矢量产生了不同的内部自旋构型。这里DM相互作用有利于形成摆线型自旋结构，其调制方向垂直于极轴，其自旋螺旋位于调制方向和极轴所跨越的平面内。

在极性磁体中磁性/非磁异质界面体系，尤其是铁磁/重金属界面是人们目前研究最多的材料体系，其中一个主要原因是铁磁/重金属界面体系可以通过界面工程，如调控界面元素成分、厚度、堆垛方式等来方便地调控磁相互作用进而调控拓扑磁结构。磁性薄膜/重金属异质结构及多层膜结构主要有两类［图7-5（b）］：第一类是重金属/磁性薄膜/金属氧化物。在这类材料体系中，结构的空间反演对称性破缺导致了在重金属/磁性金属界面和磁性金属/氧化物界面分别贡献Fert-Lévy型和Rashba型的DM，两者的叠加效应导致薄膜有着很强的DM相互作用，这对该类材料体系实现室温磁斯格明子来说至关重要。第二类是重金属/磁性金属多层膜。在这类材料体系中，重金属贡献了强的SOC从而产生强的DM。例如，Fert等利用扫描X射线透射显微镜技术在低磁场下观测到非对称的Pt/Co/Fe/Ir多层膜结构中存在尺寸小于100nm的室温孤立斯格明子[15]。该多层膜结构中的重金属Ir和Pt原子层同时诱导了不同层的DM相互作用并且具有累加效应，因此足以使磁斯格明子在室温下抵抗热扰动。还有正是由于多层膜斯格明子材料具有尺寸小且可调、制备简单、温度稳定性好、器件集成度高且可以实现孤立的室温磁斯格明子等优点，大幅促进了人们对基于斯格明子的材料在多种自旋电子器件中的应用，如赛道存储器、微波探测器、逻辑门器件、纳米振荡器等。

除了磁性金属薄膜体系，二维磁性材料由于其原子级的厚度、超平的界面、多场的可调性等特点，在实现超薄自旋电子器件方面拥有巨大的前景，因而这类材料在近些年受到了人们的广泛关注。人们预测了通过打破本征二维磁体的空间反演对称性，构建二维Janus磁体实现可以媲美铁磁/重金属界面强度的DM相互作用，从而诱导出拓扑磁结构。这类材料体系的代表是磁性二维过渡金属硫族化合物，如MnXY（X≠Y=S、Se和Te）[9]，其他类似的二维磁性材料包括CrSeTe、CrGe（Se，Te）$_3$、Cr（I，X）$_3$（X=Br，Cl）也被预测可以实现拓扑磁结构。除此之外，人们也可以预测二维磁电多铁材料中利用电势差有效散射电子自旋这一特性，从而实现大的DM相互作用，并且在CrN单层中成功实现了电场可调的无外磁场的小尺寸的孤立的磁斯格明子态[38]。相似的材料体系也包括VOI$_2$，Co插层的双层MoS$_2$等[11,39]。实验上，人们发现了在二维层状范德华磁体Fe$_x$GeTe$_2$（x=3、4和5）家族材料［图7-5（c）］、Co掺杂的Fe$_5$GeTe$_2$材料和Cr$_3$Te$_4$[40]纳米片中可以实现拓扑磁结构。值得注意的是，在不同的实验组，在Fe$_x$GeTe$_2$家族材料中观测到了不同的拓扑磁相，包括Néel型斯格明子、Bloch型斯格明子以及两种相的共存态。这背后的产生机制比较复杂，包括磁偶极相互作用，由缺陷或氧化诱导的界面DM相互作用，甚至是四自旋四位点的磁高阶相互作用，具体的物理机制依然需要进一步的研究，但此处暂时将其归为极性磁体。

除此之外，人们也在钙钛矿型氧化物界面（$SrRuO_3/SrIrO_3$和$BaTiO_3/SrRuO_3$）[41]和磁性拓扑绝缘体异质结，如$Cr_x(Bi_{1-y}Sb_y)_{2-x}Te_3/(Bi_{1-y}Sb_y)_2Te_3$[42]体系实现了拓扑磁结构，这些体系为探索新型拓扑磁结构材料提供了新的选择，此处不再一一介绍。

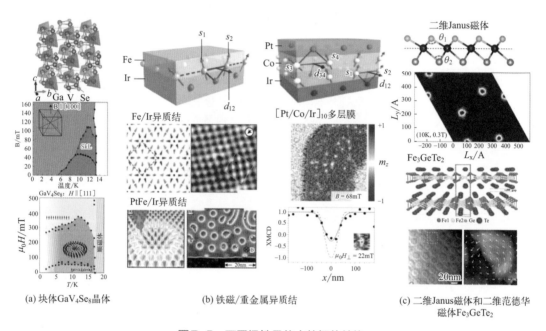

(a) 块体GaV_4Se_8晶体   (b) 铁磁/重金属异质结   (c) 二维Janus磁体和二维范德华磁体Fe_3GeTe_2

图7-5   不同极性晶体中的拓扑结构

7.3.3　阻挫磁体

斯格明子的主体材料不限于具有DM相互作用的手性或极性磁体。一个最典型的例子是由长程偶极相互作用引起的磁泡，其特征通常与Bloch型斯格明子的拓扑结构相同。然而，偶极相互作用诱导的斯格明子气泡显示出$100nm \sim 10\mu m$的大尺寸，并且几乎不能显示出源自斯格明子拓扑的突发电磁函数的有趣特征。在中心对称化合物中容纳磁斯格明子的一种途径是利用磁阻挫效应。磁阻挫，特别是由于晶格几何结构、局部自旋之间的相互作用不能同时满足的几何挫折，倾向于产生高度兼并的磁基态，如自旋液态。这类材料的代表是钆（Gd）的化合物和钙钛矿氧化物等，如图7-6所示。

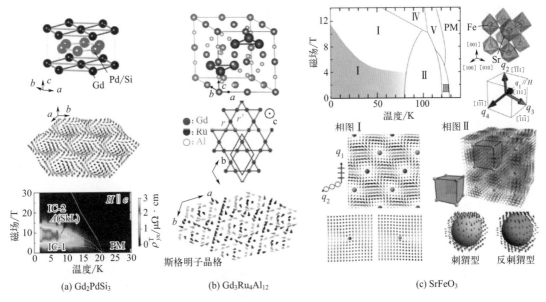

(a) Gd₂PdSi₃　(b) Gd₃Ru₄Al₁₂　(c) SrFeO₃

图 7-6　不同类型的阻挫磁体及拓扑磁结构

7.4　拓扑磁结构材料的应用

随着现代信息技术的发展，集成电路的小型化、多功能化逐渐成为高性能计算技术发展的重要方向之一。基础研究以及工业生产方面都迫切需要基于新物理原理或新兴技术的自旋电子学器件打破现代存储器件、逻辑器件等发展的瓶颈，进一步推动信息技术的发展。磁斯格明子、磁束子、磁浮子、磁双半子等拓扑磁结构由于具有尺寸小、稳定性高、驱动电流阈值低等优异属性，因而在未来高密度、低能耗、非易失性的赛道存储器、逻辑门、神经形态计算等新型自旋电子学器件中有着非常广泛的应用潜能[43-48]。相关拓扑磁结构的产生、驱动、湮灭等方面的研究将会进一步促进现代信息存储、处理技术的发展[49]。下面将以磁斯格明子等为例具体介绍拓扑磁结构材料在新型功能器件研发中的应用。

7.4.1　赛道存储器

基于磁畴壁的赛道存储设计在十多年前由 IBM 的 Parkin 等提出[50]。磁性纳米赛道中的磁畴壁在电流驱动下来回运动，从而带动代表二进制信息的磁畴像赛车一样沿着赛道行驶，写头和读头可在赛道的任意位置写入和读取数据。此设计不仅可以对信息进行非易失性存储，还可以实现信息的纳秒级读写。紧接着为减小临界电流密度，提高信息载体的稳定性，维持信息载体在赛道中的高速运动，诺贝尔物理学奖得主 Albert Fert 等在 2013 年提出了磁斯格明子基赛道存储器的设计[51]。磁斯格明子的尺寸可减小到纳米级别，驱动电流密度相比于磁畴也减小了约 4 个数量级，可以极大地提高相关器件的性能，如图 7-7 所示。

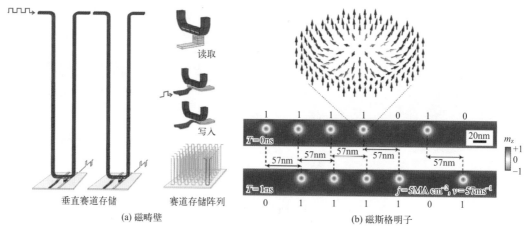

(a) 磁畴壁   (b) 磁斯格明子

图7-7 基于磁畴壁[50]及磁斯格明子[51]的赛道存储设计

典型的赛道存储器一般由四个主要部分构成：拓扑磁结构运动的磁性纳米赛道，产生拓扑磁结构的写头，探测拓扑磁结构的读头，以及驱动拓扑磁结构运动的电流模块。图 7-7（a）中一系列被磁畴壁分割的向上或向下的磁畴代表二进制信息中的 "0" 或 "1"；图 7-7（b）中定义一个磁斯格明子代表二进制的存储信息 "1"，没有磁斯格明子则代表信息 "0"。值得注意的是，为防止拓扑磁结构在自发漂移的过程中丢失信息，人们还可以通过磁浮子、磁束子等编码信息[46,47,52]，增强赛道中数据的鲁棒性，减小差错率。如图 7-8 所示，磁浮子代表二进制信息 "0"，磁斯格明子管可以代表二进制信息 "1"，无论拓扑磁结构在外界扰动下如何进行漂移，都不会影响信息的编码顺序，从而可保证信息长时间存储的稳定性。通过注入脉冲电流操控磁畴壁或磁斯格明子等拓扑磁结构便可实现信息在立体或横向磁性纳米条带中的高速写入、输运以及读取，而不需要通过机械运动移动磁头对信息进行读写。

有别于传统的硬盘存储和随机存储，以磁性纳米条带中的磁畴或磁斯格明子等为基本存储单元的赛道存储避免了信息读写过程中的机械运动以及随机存储器中信息的易失性，不仅可以大幅提高器件的存储密度、防振性和抗干扰性，还可以减少存储器件在高速读写过程中的功耗，这些优点将使其成为硬盘和闪存的极具吸引力的补充或替代品。迄今为止，基于磁斯格明子等拓扑磁结构的赛道存储器还处于理论和实验阶段，要实现此类新型非易失性存储器的实际应用还面临着众多挑战，例如：如何消除或减小拓扑磁结构在电流驱动过程中的霍尔效应，进一步提高数据的读取速度；如何实现室温条件下磁斯格明子等拓扑磁结构的高效输运、产生、湮灭；拓扑磁结构材料的发现以及实验合成等。赛道存储的设计提出以来，人们在理

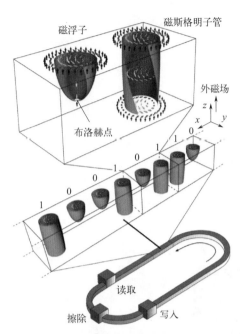

图7-8　基于磁浮子和磁斯格明子管的器件设计[47]

论和实验方面已经取得了很多突破性的进展，相信随着众多优秀科研工作者投入到相关研究中，基于拓扑磁结构的赛道存储器一定能够实现应用。

7.4.2　逻辑器件

传统的微电子集成电路技术通过晶体管开关控制电子流来工作，数字信号通过电荷的存在或不存在来表示。区别于此，现代磁性功能器件利用电子的自旋属性来工作，可进一步丰富器件的性能，打破硅基半导体器件在小型化、功耗方面的限制。而基于电子自旋的逻辑器件具有本征的非易失存储和逻辑运算功能[53-57]，可为现代云计算、物联网、大数据、人工智能等提供一种非易失性、低能耗、可扩展的信息处理技术。典型的自旋逻辑器件一般由输入端和输出端构成。首先将代表二进制信息的磁斯格明子等拓扑磁结构通过两个输入端注入磁性纳米赛道，进而在磁场、电流等手段的操控下进行相互作用，最后通过输出端将自旋信号转化成电学信号完成特定的逻辑运算。图7-9展示了一种典型的磁畴壁逻辑器件实现多种逻辑功能的原理和过程[53]。此设计基于 $Pt/Co/AlO_x$ 结构中相邻磁畴之间的手性耦合，通过操控偏置端的初始状态便可在同一器件中实现多种布尔逻辑操作。不同的逻辑功能可以运用控制电压来选择。磁畴壁逻辑器件全电驱动以及可重构的特点使其在功耗和集成方面都有着强大的优势。

考虑到磁斯格明子在尺寸、稳定性等方面的优异属性，以磁斯格明子为基本信息载体的逻辑器件将有希望成为突破高性能计算技术中高密度集成和散热瓶颈的一种新型电子技术。磁斯格明子基逻辑门的研究还处于理论和实验阶段，其完备性重构是实现下一代集成电路小型化、多功能化的一个重要方向。图7-10展示了研究人员借助微磁模拟，结合第一性原理计算，对逻辑器件的结构简化和功能重构进行的研究[55]。基于CrN单层中DM相互作用的手性翻转机制以及丰富的磁斯格明子动力学行为，研究人员在单纳米赛道中探索了7种布尔逻辑门的构建和切换途径，为突破冯·诺依曼架构，实现存算一体提供了一种新思路。相对于传统多赛道、非重构的逻辑器件研究，基于磁斯格明子的单纳米赛道可重构逻辑门不但有希望提高相关逻辑器件的集成度，简化集成电路的结构，还将进一步加深我们对微观磁物理的理解，大幅提高相关信息处理技术的可靠性。

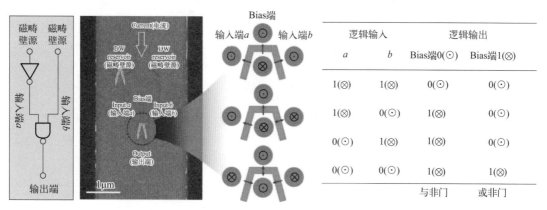

图7-9　电流驱动的磁畴壁逻辑门以及逻辑关系真值表[53]

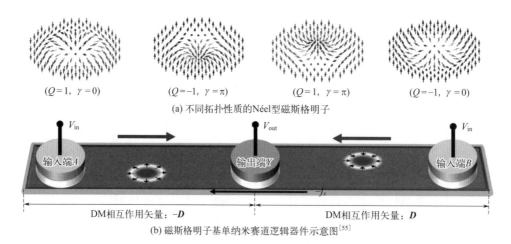

(a) 不同拓扑性质的Néel型磁斯格明子

(b) 磁斯格明子基单纳米赛道逻辑器件示意图[55]

图7-10　磁斯格明子和单纳米赛道逻辑器件

　　不同于传统的逻辑器件，基于拓扑磁结构的逻辑架构，特别是全电驱动的逻辑门设计方案，凭借其在可重构性、集成度、响应速度、非易失性等方面特殊的优势，有望在不久的将来补充或替代基于硅基半导体的电子逻辑器件，和赛道存储器一起开启现代信息存储和处理技术的新篇章。

7.4.3　类脑器件

生物大脑能够思考和感知主要依靠神经元以及连接不同神经元的突触，这是生物大脑能够完成一系列高难度工作的主要机制。受生物大脑的启发，伴随着人工智能的日益普及和新兴纳米级器件的进步，神经形态计算获得了人们广泛的关注。神经形态计算旨在借鉴生物大脑储存和处理信息的方式，通过模仿构成人脑的神经元和突触的机制来实现人工智能[58-60]。利用微电子技术模拟生物神经网络的结构以及标志性功能，研发类脑器件或神经形态器件，实现像生物大脑一样的"思考"，将是加速现代信息处理技术发展的有效策略。

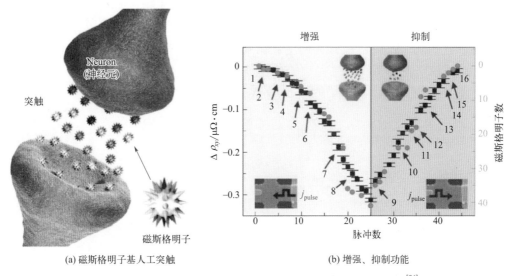

(a) 磁斯格明子基人工突触　　　　(b) 增强、抑制功能

图7-11　磁斯格明子基人工突触示意图及其增强、抑制功能[61]

然而由于神经网络模型和硬件之间的差异，传统的计算平台在功耗和计算速度方面并不能满足运行大规模神经网络的需求。基于拓扑磁结构的自旋电子学设备由于在尺寸、响应速度、稳定性等方面的特点而在神经形态计算方面有着强大的优势，可为设计神经形态计算设备提供新的可能性。通过电流等手段操控拓扑磁结构的动力学行为，相关器件可高效地实现神经元和突触的标志性功能。图7-11展示了一种基于磁斯格明子产生、运动、探测、删除等动力学行为的神经突触及其增强和抑制功能的模拟[61]。实验证明，通过磁斯格明子的积累和耗散行为表示突触权重，该人工神经突触可高效完成诸如模式识别等神经形态计算任务。对于手写模式数据集，此系统实现了约89%的识别准确率，这与基于软件的理想训练所实现的准确率（约93%）相当。另外，通过设置垂直磁各向异性梯度、纳米线宽梯度等手段[62-65]，基于磁斯格明子的类脑器件还可以模拟神经元的漏-收集-激发功能，即能在无激发信号的情况下恢复到初态，能够收集前端激发信号，以及在收集信号的强度达到阈值时激发，从而可以突破冯·诺依曼体系的限制，有希望将复杂的电路功能集成于

一个简单设备中实现。

除上述内容外，拓扑磁结构材料还有很多其他方面的应用，例如真随机数生成器[66,67]、量子计算[68]、类晶体管[69,70]、自旋纳米振荡器[71-75]等。在最近刚被提出的使用磁斯格明子作为量子比特的设计中，磁斯格明子内部结构中自旋在XY平面内旋转角度的量子化可被用来进行量子编码。此设计将量子计算与磁斯格明子领域的研究进行交叉，利用磁斯格明子众多优异的属性为量子计算开辟了一条全新的途径。在基于拓扑磁结构的真随机数生成器中，单个磁斯格明子的局域波动可被用来产生真随机数。当磁性材料内部出现缺陷时，在钉扎效应的作用下，磁斯格明子虽然不再发生移动，但其大小会在热扰动等条件的作用下发生随机波动，即磁斯格明子的一部分被紧紧固定在钉扎中心，但其他部分会不断跳跃并产生随机噪声，从而转化为随机信号，产生真随机数。基于此原理设计的真随机数产生器已证明可在每秒产生多达1000万个随机数，在网络数据安全、科学模拟等领域中有着非常重要的应用潜能。相信随着拓扑磁结构领域与其他领域交叉研究的不断深入，基于拓扑磁结构的自旋电子学器件将会有更加广泛的应用。

展望

拓扑磁结构材料在相关自旋电子学器件方面的应用主要依赖于其丰富的静态和动态物理学性质，例如：基于磁斯格明子的类粒子特点，多数磁斯格明子可以自然聚集在一起表示神经突触权重，从而进行神经形态计算；磁束子、磁浮子、磁涡旋、磁斯格明子等拓扑磁结构可在电流驱动下进行高速运动，基于此可以构建赛道存储器等；基于压控磁各向异性效应以及拓扑磁结构的霍尔效应等理论，作为信息载体的拓扑磁结构能在磁场、电流、电压等手段的作用下进行可控运动，进而可以模拟逻辑器件的布尔逻辑功能或晶体管的开关操作。

对拓扑磁结构形成、驱动等机制的深入研究将会进一步促进相关磁性器件的开发，而人们对现代信息技术在功耗、速度等方面的需求也会进一步加速拓扑磁结构材料在基础理论与实验技术方面的进步。以拓扑磁结构作为信息载体可使原本复杂的功能变得简单、高效，已在后摩尔时代展现出了强大的应用潜力。然而，相关自旋电子学器件离实际应用尚存在一些基础科学和技术方面的问题亟待解决，需要众多优秀的科研工作者一起努力，共同促进此领域的发展。

参考文献

参考文献

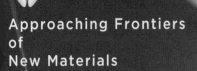

Approaching Frontiers
of
New Materials

第8章

氧化镓
能改变世界吗

付 斌

我们都曾被一句"充电5分钟，通话2小时"震惊，又快又小的充电头有谁不爱？自从手机厂商在快充中用到了氮化镓（GaN），这种第三代半导体材料便几乎成为快充标配。在你刚用上氮化镓制成的充电头时，科学家与产业界便已瞄准更强的第四代半导体材料——氧化镓（Ga_2O_3），用它能造出更强的充电头。当前国内很多半导体产品依赖进口，高端半导体材料更是遭遇卡脖子。但氧化镓不同，这种新兴材料在国内外均处于产业化前夜，我们有突破和超越的潜力，因此值得重点关注。

8.1 出生即巅峰

第四代半导体材料有不少"潜力股"，但其中氮化铝（AlN）和金刚石仍面临大量科学问题亟待解决，氧化镓则成为继第三代半导体碳化硅（SiC）和氮化镓（GaN）之后最具市场潜力的材料，很有可能在未来10年左右称霸市场。

氧化镓有5种同分异构体，分别为α、β、γ、ε和δ（表8-1）。其中β-Ga_2O_3（β相氧化镓）最为稳定，当加热至1000℃或水热条件（即湿法）加热至300℃以上时，其他所有亚稳相的异构体都会被转换为β相异构体[1]。氧化镓各同分异构体相互转换关系如图8-1所示。

β相氧化镓材料是目前半导体界研究最多，也是离应用最近的材料，目前产业化均以β相氧化镓为主，下面讨论的内容也均指代β相氧化镓。

β相氧化镓的熔点为1820℃，其粉末呈白色三角形结晶颗粒，密度为5.95g/cm³，不溶于水[2]。其单晶具有一定的电导率，不易被化学腐蚀，且机械强度高，高温下性能稳定，有高的可见光和紫外光的透明度，尤其在紫外和蓝光区域透明，这是传统的透明导电材料所不具备的优点[3]。

表8-1 氧化镓不同同分异构体具体参数

同分异构体	结构	空间群	晶格常数
α-Ga_2O_3	三角晶系	R-3c	$a=b=4.98Å$, $c=13.43Å$, $α=β=90°$, $γ=120°$
β-Ga_2O_3	单斜晶系	C2/m	$a=12.23Å$, $b=3.04Å$, $c=5.80Å$, $α=γ=90°$, $β=103.8°$
γ-Ga_2O_3	立方晶系	Fd-3m	$a=b=c=8.24Å$, $α=β=γ=90°$
δ-Ga_2O_3	正交晶系	Ia-3	$a=b=c=9.40Å$, $α=β=γ=90°$
ε-Ga_2O_3	六角晶系	P6₃mc	$a=b=2.90Å$, $c=9.26Å$, $α=β=90°$, $γ=120°$

氧化镓天资卓越，材料属性天生丽质，出生就注定能够被市场热捧。它拥有超宽带隙（4.2～4.9eV）、超高临界击穿场强（8MV/cm）、较短的吸收截止边及超强的透明导电性等优异的物理性能，见表8-2。氧化镓器件的导通特性几乎是碳化硅

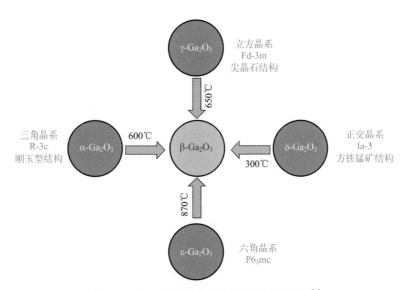

图8-1 氧化镓各同分异构体相互转换关系[4]

（SiC）的10倍，理论击穿场强是碳化硅的3倍多。

不止如此，它的化学和热稳定性也较为良好，同时能以比碳化硅和氮化镓更低的成本获得大尺寸、高质量、可掺杂的块状单晶。

表8-2 第一代至第四代半导体材料特性对比[5]

比较项目	第一代	第二代		第三代		第四代		
	Si	GaAs	InP	4H-SiC	GaN	AlN	β-Ga₂O₃	金刚石
带隙/eV	1.1	1.4	1.3	3.3	3.39	6	4.8～4.9	5.5
相对介电常数	11.8	12.9	12.5	9.7	9	8.5	10	5.5
绝缘击穿场强/（MV/cm）	0.3	0.4	0.5	2.5	3.3	2	8	10
热导率/[W/（cm·K）]	1.5	0.55	0.7	2.7	2.1	3.2	0.27[010]	22
电子迁移率/[cm²/（V·s）]	1400	8000	5400	550	600	135	300	2200
巴利加优值	1	5	—	340	870		3444	24664
功率密度/（W/mm）	0.2	0.5	1.8	～10	>30			

但材料领域从来没有十全十美，也从来不存在单兵作战。一方面，氧化镓的电子迁移率和热导率低，不及碳化硅和氮化镓，可能受到自热效应影响，从而导致设备性能下降（图8-2）；另一方面，实现p型掺杂难度较大，难以制造p型半导体，成为其实现高性能器件的主要障碍[7]。

好在研究人员发现，当温度由室温升高至250℃时，氧化镓制造的器件性能不会出现明显的衰退，实际应用中很少会超过250℃，并且氧化镓器件可以非常小、

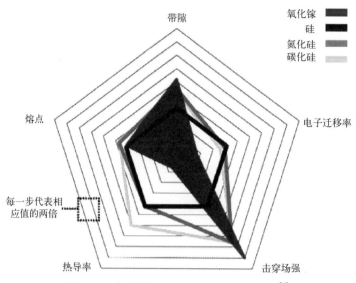

图8-2 氧化镓对比硅、氮化硅和碳化硅[6]

非常薄，所以即使热导率低，也可以非常有效地进行热管理[8]。同时，业界已设计了多样的器件构型，有效规避了p型掺杂困难的问题，实现了良好的器件性能。

虽然这两个缺陷可以避免，但在实际应用中仍需进一步探讨。

使用氧化镓制作的半导体器件可以实现更耐高压、更小体积、更低损耗，因此它在光电探测、功率器件、射频器件、气敏传感、光催化、信息存储和太阳能利用等方面都有潜在应用价值。目前为止，日盲紫外光电探测器件和功率器件（SBD、MOSFET）是氧化镓商业化趋势明朗的两个领域。

8.2 制备是问题

既然优势这么多，那么为什么这一赛道还没有爆发？这是因为氧化镓的路一直卡在大规模制备这一步，随着研究深入和器件应用明朗，产业化的路逐渐铺平。

氧化镓的研究主要以应用为导向发展（表8-3），而从氧化镓材料转换为芯片，与碳化硅的"衬底→外延→器件"的产业体系类似。

表8-3 氧化镓材料研究历史

研究阶段	时间/年	事件
单晶生长	1875	发现新元素镓（Ga）及化合物
	1952	首次实现Al_2O_3-Ga_2O_3-H_2O的相平衡系统，确定Ga_2O_3的多相结构
	2000	利用提拉法成功生长β–Ga_2O_3单晶
	2001	提出浮区法生长β-Ga_2O_3单晶

续表

研究阶段	时间/年	事件
单晶生长	2004	加工出1英寸❶的单晶片
	2006	利用导模法生长β-Ga₂O₃单晶，但只得到开裂晶体
薄膜外延	2006	尝试利用分子束外延生长β-Ga₂O₃薄膜
	2007	进行蓝宝石衬底上的β Ga₂O₃薄膜异质外延生长
	2008	对β-Ga₂O₃单晶衬底进行化学机械抛磨及氧氛围退火，实现原子级平整表面 利用MBE制备高质量β-Ga₂O₃同质外延薄膜
	2011	发明新型制备方法——喷雾干燥法
早期应用	2005	利用金属有机化学气相沉积首次在（100）取向的β-Ga₂O₃单晶上外延GaN
	2007	详细描述了GaN与β-Ga₂O₃单晶衬底的外延关系
	2008～2009	在蓝宝石衬底上外延β-Ga₂O₃单晶薄膜，并测量异质结的深紫外吸收谱，利用该特性制备了日盲深紫外光电探测器
器件问世	2012	β-Ga₂O₃被用于场效应管中 首次证明β-Ga₂O₃的实用价值，构建了金属-氧化物半导体场效应晶体管（MESFET） 利用MBE技术制备高质量β-Ga₂O₃同质外延薄膜

衬底指的是由半导体单晶材料制造而成的晶圆，在经过切、磨、抛等仔细加工后便是芯片制造的基础材料——抛光片；外延指的是在抛光后的单晶衬底上生长一层新单晶薄膜的过程，外延片相当于是半导体器件的功能性部分（表8-4）；器件就是能实现具体功能的某种芯片，晶圆先经历光刻、刻蚀、离子注入、CMP、金属化、测试等工艺，再经历切割、封装等复杂工艺。

氧化镓在这一过程中，既可以充当衬底材料，也可以充当外延材料。

表8-4　不同种类晶圆优势和应用

晶圆种类	核心优势	应用
抛光片	单晶晶圆表面平坦化，并进一步减小硅片的表面粗糙度，满足芯片制造工艺对硅片平整度和表面颗粒度的要求	可直接制作半导体器件（逻辑芯片、存储芯片等），也可以作为外延片、SOI硅片的衬底材料
外延片	含氧量、含碳量、缺陷密度更低，提高了栅氧化层的完整性，改善了沟道中的漏电现象，从而提升了集成电路的可靠性。外延片提升了器件的可靠性，并减少了器件的能耗	常在CMOS电路中使用，如通用于处理器芯片、图形处理器芯片、功率器件（二极管、IGBT等）的制造

晶圆按直径分为4英寸、6英寸、8英寸、12英寸等规格，芯片是从加工后的晶圆上切割下来的，但晶圆与芯片却是一圆一方，因此，只有晶圆越大，才能切出更多完整的芯片。晶圆尺寸与制程也息息相关，目前14nm或更先进制程的芯片基本都采用12英寸晶圆制造，因为晶圆越大，衬底成本就越低[9]。

---

❶ 1英寸＝2.54cm。

因此，只有当氧化镓被制成一定尺寸的晶圆，才能真正投入产业化，并且晶圆尺寸还要越做越大。

8.2.1 单晶生长

大尺寸、高质量的β相氧化镓晶圆生产非常困难，这是因为其单晶熔点达1820℃，高温生长过程中极易分解挥发，容易产生大量的氧空位，进而造成孪晶、镶嵌结构、螺旋位错等缺陷。此外，高温下分解生成的GaO、Ga$_2$O和Ga等气体会严重腐蚀铱金坩埚[10]。

氧化镓单晶生长研究最早可以追溯到20世纪60年代，制备方法主要包括焰熔法、提拉法、光浮区法、导模法、垂直布里奇曼法，见表8-5。

表8-5　氧化镓单晶生长技术情况

单晶生长方法	发明时间和发明者	生长过程	优点	缺点
焰熔法	1890年Verneuil发明	通过氢氧焰燃烧产生的高温将落下的材料粉末熔化，熔化的材料滴落在下方的籽晶杆上，逐渐冷却完成晶体的结晶生长过程	氢氧焰温度能够达到2800℃，可用于生长2500℃高熔点的晶体材料，且不使用坩埚，避免了坩埚杂质污染的问题	氢氧焰温度梯度大，晶体内部的热应力较大，生长晶体的气孔缺陷明显，不适合易挥发类或易氧化类单晶材料的生长
提拉法	1918年Czochralski提出	将待生长晶体的原料放入单晶炉的铱金坩埚中加热熔化，精确控制炉内的温度分布，使熔体和籽晶产生一定的温度梯度，然后将晶杆上的籽晶浸入熔体，以合适的速度提拉并转动晶杆，处于过冷状态的熔体逐渐结晶于籽晶上，随着晶杆的旋转和提拉，晶体的分子或原子在籽晶和熔体交界上不断进行重新排列，逐渐生长出圆柱状晶棒	可以通过精密控制温度梯度、提拉速度、旋转速度等工艺措施降低晶体缺陷，获得优质的大尺寸单晶，同时还能通过定向籽晶制备出不同晶体取向的单晶	其生长晶体时需要使用坩埚，容易造成杂质污染晶体；铱属于贵金属，储量低，价格高
光浮区法	1953年Keck和Golay提出	采用大功率卤素灯和一系列椭球面镜光学系统聚焦，使原料棒和单晶籽晶之间产生熔融区，籽晶和料棒沿着相同或相反的方向缓慢旋转，熔融区自上而下或自下而上移动，籽晶在焰融区内不断生长，逐渐完成整个单晶棒的结晶过程	不采用坩埚，加热温度不受坩埚熔点的限制，能够生长熔点极高的晶体材料	使用的光学系统很难形成较大的熔融区，导致其难以生长大尺寸的单晶，光浮区法对光学系统和机械传动装置的要求严格

续表

单晶生长方法	发明时间和发明者	生长过程	优点	缺点
导模法	20 世纪 60 年代英国 Harold 和苏联 Stepanov 相继提出	将内部留有毛细管狭缝的耐熔金属模具浸入单晶炉的熔体中，熔体在毛细作用下被吸引到模具上表面，熔体在表面张力的作用下形成一层薄膜并向四周扩散，放下籽晶使其与熔体薄膜接触，控制模具顶部的温度梯度，使籽晶端部结晶出与籽晶相同结构的单晶，然后通过提拉机构不断向上提升籽晶，籽晶经过放肩和等径生长完成整个单晶的制备，模具顶部的外形和尺寸大小决定了导模法生长晶体的截面形状	实现定形定向的晶体生长，晶体的截面形状和尺寸由模具顶部边缘的形状和尺寸决定，且晶体生长速度快，材料利用率高，生产成本低，便于实现晶体生长的产业化	模具设备和工艺操作较复杂
垂直布里奇曼法	1925 年美国哈佛大学 Bridgman 提出移动坩埚定向凝固技术；1936 年美国麻省理工学院 Stockbarger 进一步改进	将晶体生长原料装入坩埚，然后将坩埚置入具有单向温度梯度的生长炉内进行晶体生长；晶体生长炉分为加热区、梯度区和冷却区三个区域，装有原料的坩埚首先进入加热区进行熔化和均匀受热，然后从加热区穿过梯度区向冷却区移动，坩埚内的熔体进入梯度区后发生定向结晶，随着坩埚的连续移动，晶体沿着与坩埚移动的相反方向定向生长	采用全封闭或半封闭的坩埚，能够防止原料成分受外界杂质的影响，提高晶体的生长质量，同时还可以有效控制原料的熔融挥发现象，有利于生长挥发性物质的晶体	受贵金属坩埚尺寸的限制，难以实现大尺寸晶体的生长

目前国际上走得最远的是日本 NCT 公司，它是全球氧化镓衬底的供应主力，该公司采用导模法成功生长最大 6 英寸氧化镓单晶，而其他方法仍然无法制造产业所需的大尺寸衬底。

但导模法制造的氧化镓患有严重的"贵金属依赖症"，在制造过程中需要使用基于贵金属铱（Ir）的坩埚。铱元素全球储量稀少，每克铱的价格高达上千元，约是黄金价格的 3 倍，长晶设备中仅一个坩埚价格就超 500 万元。

目前成本对国外产业来说已是核心问题，业内普遍采取增大铸锭尺寸、提高加工率、延长坩埚寿命来降低铱坩埚成本，更彻底的解决方案就是研究其他转换路线。

这对国内产业来说更是棘手问题。虽然中国镓元素储量占全球第三位，高纯度氧化镓原料储备丰富，生长晶体能耗降低 80%，成品率可达 50% 及以上[11]，但我国铱矿藏并不丰富，依赖进口，有断供风险。更为雪上加霜的是，坩埚易损坏且有使用次数限制。贵就造不起，高价造出来又坏不起，成了死循环[12]。不同氧化镓晶体

107

制备方法的优缺点对比见表8-6。

表8-6　不同氧化镓晶体制备方法的优缺点对比[10]

方法	晶体形状	生长速度/（mm/h）	晶体旋转/（r/min）	最大尺寸/mm	有无坩埚	晶体质量	优点	缺点
焰熔法	圆柱状	—	0	$\phi 9 \times 25$	无	差	不使用坩埚、避免杂质污染	氢氧焰温度梯度大、气孔缺陷明显
提拉法	圆柱状	1～2	5～12	$\phi 50 \times 75$	有	好	采用定向籽晶制备不同晶向晶体	使用坩埚、易造成杂质污染
导模法	板状	6～15	0	150×150	有	最好	可定形/定向生长、生长速度快、材料利用率高	模具设备和工艺操作复杂
光浮区法	圆柱状	5～10	15～17	$\phi 25 \times 50$	无	好	不使用坩埚、可生长熔点极高的晶体材料	受限于光源，难以生长大尺寸晶体
垂直布里奇曼法	圆柱状	0.5～4	3～5	$\phi 25 \times 25$	有	好	全封闭或半封闭坩埚、晶体质量好	晶体尺寸受贵金属坩埚尺寸的限制

国内开展氧化镓单晶生长研究时间不长，成熟度和稳定性不及国外。中电科46所、西安电子科技大学、上海光机所、上海微系统所、复旦大学、南京大学、浙江大学等研究机构已开发出具有自主知识产权的生长技术，打破了国外的技术垄断，不过最大只能加工到4英寸衬底。

为了让这项技术逐渐产业化，国内主要策略是减少贵金属铱的使用，并推动无铱工艺的摸索研究，这种趋势在产业化脚步加快之际越来越明显：初创公司进化半导体宣称，已开发出独创的"无铱法"特色工艺，解决成本痛点[13]；2022年5月，浙江大学杭州国际科创中心则宣称，已发明全新的熔体法技术路线来研制氧化镓体块单晶以及晶圆，减少了贵金属铱的使用，目前已经成功制备直径2英寸的氧化镓晶圆[14]。

8.2.2　薄膜外延

外延生长是制备半导体器件的核心工艺之一，与器件性能息息相关。当衬底材料和外延材料均为氧化镓时，此时的外延被称为同质外延；反之，则称为异质外延，如图8-3所示。

受限于氧化镓单晶衬底尺寸、质量、电学性能等因素，目前氧化镓外延生长研究集中在异质外延，为数不多的同质外延也是基于最为稳定和最强解理面的（100）面衬底[15]。

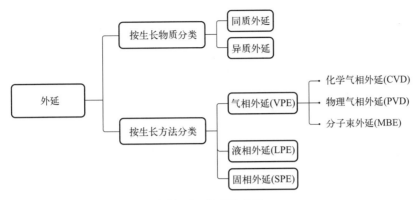

图8-3　外延的分类

目前用于氧化镓的外延薄膜沉积技术包括分子束外延技术（MBE）、分子有机气相沉积（MOCVD）、喷雾化学气相沉积（mist-CVD）、卤化物气相外延沉积技术（HVPE），见表8-7。

表8-7　氧化镓外延技术情况[6]

外延薄膜沉积技术	技术特点	应用情况	氧化镓应用前景
分子束外延技术（MBE）	缺陷数量极少，残留载流子浓度非常低，在制备掺杂薄膜时，可以有效地控制载流子浓度；但设备价格比较昂贵，沉积速率比较低	已被用于沉积GaAs和GaN半导体薄膜，也用于一些氧化物半导体材料的薄膜沉积，如氧化铟（In_2O_3）	不太适合产业化生产，大部分在科研实验室中使用
分子有机气相沉积（MOCVD）	可以大面积成膜，生长速度快，非常适合工业化生产，目前已报道了沉积出的薄膜具有非常低的缺陷，电子迁移率接近理论预测值	在化学气相沉积（CVD）基础上发展，利用金属有机物作为前驱体，汽化以后，传输到沉积腔内，并通过热分解的方式，将金属元素分离出来沉积到相应的衬底上，在GaN基半导体器件产业化制备工艺中已成熟应用	在制备高性能功率器件方面具有很好的潜力，被认为是理想的Ga_2O_3外延薄膜量产设备
喷雾化学气相沉积（mist-CVD）	结构简单，成本低廉，利用生成的薄雾在加热的衬底上反应，获得高质量薄膜	已在一些金属氧化物半导体材料中得到应用，如氧化锌（ZnO）、氧化锡（SnO_2）和锌镁氧（ZnMgO）等	日本FLOSFIA公司，已利用mist-CVD在4英寸蓝宝石衬底上制备高质量的α-Ga_2O_3薄膜，由于主要用来制备α-Ga_2O_3，所以在产业化过程中，不能完全取代其他沉积技术
卤化物气相外延沉积技术（HVPE）	获得材料的纯度较高，生长速度较快，且过程简便；但其制备厚膜的表面比较粗糙，并存在大量缺陷，即使在同质衬底上进行外延，也无法改变，所以在制备器件前，需要对薄膜表面抛光，大尺寸外延薄膜的厚度均匀性控制比较难	一种非常古老的外延薄膜生长技术，以前曾用于Ⅲ-Ⅴ族半导体的生长	已有商业化出售的10μm厚的硅掺杂β-Ga_2O_3薄膜，也可用于α-Ga_2O_3薄膜

国际上两个主流技术包括：NCT公司的EFG结合HVPE技术；IKZ研究所的Cz结合MOVPE技术。但在竞争过程中，由于EFG比Cz拥有更大的晶体尺寸，HVPE的外延沉积速率约为MOVPE的10倍，因此EFG结合HVPE技术路线成为主流，并实现了产业化。

虽然国内氧化镓体单晶制备技术已取得显著进步，但国内氧化镓外延技术较为薄弱。中电科46所是国内氧化镓技术较为领先的单位，2019年中电科46所用导模法制备了4英寸氧化镓晶圆，2021年12月又成功制备出HVPE氧化镓同质外延片，突破了HVPE同质外延氧化镓过程中气相成核和外延层质量控制等难题，填补了国内空白[16]。

8.2.3 器件应用

产出晶圆并不意味着万事大吉，还涉及许多问题。由于氧化镓晶体脆性较大、易解理属性较强、断裂韧性较低，传统的游离磨料研磨加工很容易在表面产生裂纹和凹坑等缺陷。晶圆的超精密加工，包括研磨、抛光等都会牵扯出一系列工艺研究、产业化过程，将带动整个链条发展[17]。

在器件应用上，氧化镓生长单晶前期主要针对日盲深紫外探测器，2012年氧化镓同质外延片应用至功率器件后，才正式开启了产业化新纪元。

目前氧化镓研究集中在肖特基势垒二极管（SBD）和金属-氧化物半导体场效应晶体管（MOSFET）两种器件形态，通过增强器件结构，不断刷新着击穿电压数值。

器件发展上，日本入局较早，三菱重工、丰田、日本电装、田村制造（与NICT合作成立NCT）、日本光波等企业早已介入氧化镓的产业发展和布局，发展态势迅猛。美国相对缓慢，Kyma公司于2020年推出1英寸氧化镓晶圆[18]。

参考文献

参考文献

Approaching Frontiers
of
New Materials

9

第 9 章

高性能
软磁合金

王　清　王镇华　董　闯

9.1 高性能软磁合金的源起

近年来，随着磁性元件的日益高频化和小型化以及节能环保的号召，作为一种用作存储、传输和转换电磁能量与信息的元件或器件，高性能软磁材料的开发和研究具有重要意义。饱和磁化强度 M_S（或饱和磁感应强度 B_S）、矫顽力 H_C 和磁导率 μ 是描述磁性材料的重要特征参数，其中具有低矫顽力（$H_C < 1000A/m$）和高初始磁导率（$\mu_i > 10^4$）的磁性材料易于在外加磁场过程中快速磁化和退磁，是典型的软磁材料[1]。依据材料类别，软磁材料主要分为软磁合金和软磁铁氧体，其中软磁合金又可细分为传统的软磁合金（包括工业纯铁、Fe-Si硅钢片、Fe-Ni/Fe-Co合金等）、非晶/纳米晶软磁合金以及新型高熵软磁合金[2]。图9-1给出了软磁材料的主要应用领域，包括电力变压、电子电路等领域。在电力变压领域，软磁材料主要承担电网发电与用电侧的升降压任务，功率较大，主要采用Fe-Si硅钢片、非晶软磁合金带材来制备变压器件；在电子电路领域，主要采用软磁铁氧体、纳米晶等材料通过粉末冶金工艺制成电感器件，在电路中承担逆变（交流直流转换）、升降压以及信号处理等功能。

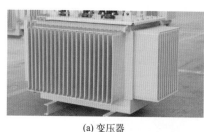

(a) 变压器   (b) 新能源汽车

(c) 太阳能光伏

图9-1 软磁材料的主要应用领域

纵观软磁合金的发展史，可以看出，尽管传统软磁合金具有较高的饱和磁感应强度，但低的电阻率导致大的涡流损耗，限制了其在高频领域的使用；由此，高电阻率的软磁铁氧体材料应运而生，但其饱和磁感应强度相对较低[3]。为提高软磁合金的电阻率，在20世纪70年代发展出了非晶/纳米晶软磁合金，其独特的原子无规则排列的混乱结构使电阻率约为晶态合金的3倍，且无磁晶各向异性，具有高的饱和磁感应强度、磁导率及更低的损耗，是软磁铁氧体的强有力竞争对手[4]。尽管非晶/纳米晶合金展现出优异的软磁性能，但非晶基体是亚稳态，这严重限制了该类材料在高温领域中的应用。在最新的研究成果中，发展出了一类新型高熵软磁合金，具有比非晶/纳米晶合金更高的电阻率和居里温度，目前得到了广泛关注，有望成为高温软磁领域的优选材料[5]。我们系统总结了高性能软磁合金的发展历程，重点归纳各类软磁合金（包括传统软磁合金、非晶/纳米晶软磁合金、高熵软磁合金）的成分、微观组织、性能以及应用范围，进而探讨了影响软磁合金矫顽力的因素及微观机理，并概述了高性能软磁合金的发展前景。图9-2给出了这几类软磁合金的饱和磁感应强度和矫顽力的对比，可一目了然地分清各类合金磁性能的优势[6]。

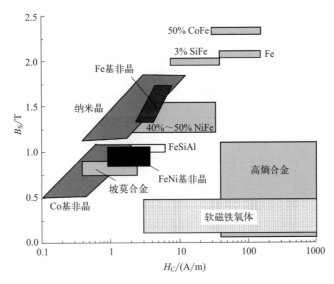

图9-2　典型软磁合金的饱和磁感应强度（B_S）和矫顽力（H_C）的对比[6]

9.2　传统软磁合金

纯铁和低碳钢是使用最早的一类软磁合金，合金中含碳量为0.04%～0.1%（质量百分比），具有单相体心立方（BCC）结构，微观组织表现为粗大的铁素体晶粒，如图9-3（a）所示。该类合金的饱和磁感应强度极高，可达B_S=2.15T，且成本非常低，但由于电阻率很低（约$10\mu\Omega\cdot cm$），故仅适用于直流及低频领域的铁芯应用[2,7]。Fe-Ni系合金又称坡莫合金，含Ni量为30%～80%（质量分数），具有单相面心立方（FCC）结构，是一类高磁导率合金。合金高磁导率的实现主要依赖于磁晶各向异性和磁致伸缩各向异性都接近于0，两者都与合金成分密切关联[8]。

坡莫合金独特的FCC结构使其加工性能优异，高的磁导率适用于弱信号的低频或中高频领域。但由于材料成本较高，且饱和磁感应强度较低（B_S=0.7～1.5T），故不宜用作高磁通条件下的铁芯材料。Fe-Co系合金由于Co含量为30%～50%（质量分数），具有α'-FeCo（B2）结构，是BCC固溶体的有序超结构，其典型特征是兼具高饱和磁感应强度和高居里温度，主要适用于高磁通密度和高温磁性的应用，但由于Co含量较高，故成本相对较高[2]。Fe-Si-Al系列合金又称Sendust合金，是继坡莫合金之后发展出的一类高磁导率合金，一般含有6%～11%（质量分数）Si和4%～8%（质量分数）Al，表现为单相BCC结构，具有高磁导率、高电阻率、高硬度和耐磨性、低成本等优异特性[1,9]。然而，该类合金的软磁性能对成分非常敏感，会导致最佳磁性能对应的合金成分窗口较窄，故在制造过程中对合金成分的控制要求很高；另外，合金的脆性也非常大，导致加工困难，通常多为铸造成型。

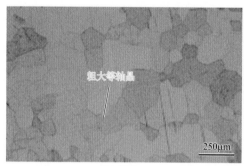
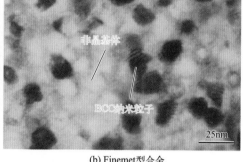

(a) 纯铁

(b) Finemet型合金

图9-3 传统合金（纯铁）[7]和非晶纳米晶合金（Finemet型合金）[4]的微观组织形貌

9.3 非晶/纳米晶软磁合金

非晶合金是通过快淬工艺制备的无序态合金，相较于传统晶态合金，原子无规则混乱排列使其电阻率比晶态合金高约3倍，大幅降低了涡流损耗；同时无磁晶各向异性，且不存在微观结构缺陷（如位错、晶界等），从而磁导率高、矫顽力低[10]。非晶合金主要分为Fe基、Fe-Ni基和Co基三类，分别适用于低频（50～10kHz）、中频（50～30kHz）及高频（20～200kHz）领域。其中Fe基非晶合金的典型特征是具有高的饱和磁感应强度B_S，而后两者则突显于高的磁导率[11]。

自1967年合成Fe-P-C非晶合金以来，Fe基非晶合金由于较高的B_S，引起了人们的广泛关注，曾出现多种成分牌号，如Fe-B、Fe-B-C、Fe-Si-B、Fe-Si-B-C、Fe-Co-Si-B等系列合金，其中Fe含量基本维持在80%（原子分数）左右。该类非晶合金由于加入了大量的类金属非磁性元素，使饱和磁感应强度比Fe-Si硅钢合金更低，B_S=1.0～1.5T，但比硅钢具有更高的磁导率、更低的矫顽力、更高的电阻率以及更低的能量损耗（仅为硅钢的1/3）等，目前已部分取代了硅钢在变压器铁芯、电动机铁芯、传感器等中的应用。由于受制于非晶合金玻璃形成能力的不足，目前软磁非晶合金主要以薄带、粉末等低维形状来应用。近年来，由于非晶合金作为结构和功能材料的应用潜力巨大，为了拓宽其应用范围，块体非晶合金的研究被广泛关注。在Fe-Ni基非晶软磁合金中，Fe+Ni含量约80%（原子分数，下同），其余为类金属元素，它们的饱和磁感应强度（B_S=0.8～1.1T）低于Fe基非晶合金，但由于低的磁致伸缩系数使矫顽力和磁导率都略优于后者[12]。事实上，该类非晶合金的软磁性能与晶态的高Ni坡莫合金（IJ79、IJ85）相近，是一类高磁导率合金；但其Ni含量比坡莫合金低一半，故成本比坡莫合金便宜，适于取代部分坡莫合金的应用。Co基非晶合金作为另一种软磁合金材料，在高频下表现出优异的软磁性能，具有高的磁导率（μ_m约为2.8×10^5）和较低的矫顽力（H_C约为2.8A/m），同时具有近乎为零的磁致伸缩和高强度，在高频领域具有良好的应用前景[13]。然而，合金的饱和磁感应强度也较低（B_S=0.5～1.2T），且Co元素价格较高，增加了合金的成本。近年来，研究者致力于提高Co基非晶合金的玻璃形成能力，进一步发展Co基块体非晶材料，扩大应用范围；例如在Co-B、Co-Fe-B、Co-Fe-Si-B和Co-C-B等体系中加入大量大原子尺寸的前过渡金属（Nb、Ta、Mo等）或稀土元素（La、Gd、Y等），通过引入大的尺寸错配来提高非晶的玻璃形成能力，但过量加入这些大尺寸元素会严重恶化B_S。

纳米晶软磁合金是在非晶合金的基础上，通过适当的热处理在非晶基体上析出极其细小的磁性纳米粒子，其中粒子尺寸通常小于10nm，如图9-3（b）所示[4]。相较于非晶合金，纳米晶软磁合金具有更高的饱和磁感应强度和磁导率以及更低的磁损耗，广泛应用于高频、小型化磁性器件中。根据牌号主要可以分为Finemet系列合金Fe-Si-M-B-Cu(M=Nb/V/Mo/W)、Nanoperm系列合金Fe-M-B-Cu(M=Nb/Zr/Hf/Ta)、Hitperm系列合金(Fe,Co)-M-B-Cu(M=Nb/Zr/Hf/Ta)三类。目前使用最广泛的是Finemet合金$Fe_{73.5}Si_{13.5}B_9Cu_1Nb_3$[14]，微观组织表现为$DO_3$-$Fe_3Si$（BCC固溶体的高度有序超结构相）纳米粒子在非晶基体上均匀分布；其磁性能参数为B_S=1.24T、H_C=0.53A/m、有效磁导率μ_e=7.0×10^5(1kHz)、磁致伸缩系数λ_s=2.1×10^{-6}。尽管该类合金具有高的磁导率，但B_S相对较低，且居里温度也较低（T_C约为843K）。为进一步提升B_S和T_C，研究者通过不断调整合金成分，以期在改善非晶形成能力的同时提高磁性Fe元素的含量。例如，添加P元素后形成的$Fe_{82.75}Si_4B_8P_4Cu_{1.25}$合金，具有与硅钢片媲美的高$B_S$和低损耗，且不含贵重元素，目前已形成了商业牌号Nanomet。需要指出，对于非晶/纳米晶软磁合金而言，非晶基体的亚稳态结构使该类合金的使用温度通常比较低。例如Finemet合金使用温度不超过573K；Nanoperm合金和Hitperm合金的使用温度虽然可以达到773K，但合金制备工艺复杂、脆性较大，故无法进行大批量产业化[15]。

9.4 高熵软磁合金

近年来，由多个主要元素以等摩尔/近等摩尔/非等摩尔比例组成且形成简单晶体结构（固溶体及有序超结构相）的一类新型高熵合金材料，也称多主元合金或成分复杂合金，具有优异的结构和功能，并在某些特殊和苛刻的环境中可以弥补传统合金材料性能的不足，成为科学研究的焦点，其中Fe/Co/Ni基磁性高熵合金也得到了广泛关注[16,17]。大量研究表明，高熵合金的饱和磁化强度与磁性元素的含量密切关联，而矫顽力则强烈依赖于合金的微观组织结构。在含有纳米粒子析出的系列软磁高熵合金中，析出粒子的尺寸和分布状态会强烈影响合金的矫顽力。大连理工大学材料设计课题组[6]通过团簇成分式设计方法合理调控元素之间的匹配，于Al-Fe-Co-Ni-Cr体系中获得了极细小的BCC磁性纳米粒子（小于10nm）在B2基体上的共格析出（图9-4），其中$Al_{1.5}Co_4Fe_2Cr(Al_{17.65}Co_{47.06}Fe_{23.53}Cr_{11.76})$高熵合金表现出优异的软磁性能，饱和磁化强度$M_S$=135.3A·m²/kg（$B_S$=1.3T）、矫顽力$H_C$=127.3A/m。更重要的是，由于含有纳米粒子析出的BCC/B2共格组织具有更高的高温稳定性，从而使合金在873K长期时效后仍表现出与室温相当的优异软磁性能。此外，多主元合金化产生的高熵效应还使系列合金具有较高的居里温度（T_C约为1060K）和更高的电阻率；其中，高熵合金的电阻率远高于传统软磁合金，如$Al_{1.5}Co_4Fe_2Cr$合金的室温电阻率为244μΩ·cm，约为非晶/纳米晶合金电阻率的2倍，是传统软磁合金电阻率的5～7倍，可大幅降低合金的涡流损耗。此外，高

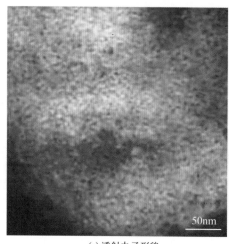

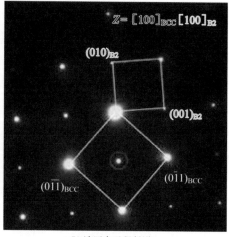

(a) 透射电子形貌　　　　　　　　(b) 选区电子衍射谱

图9-4　$Al_{1.5}Co_4Fe_2Cr$高熵合金的透射电子形貌及对应的选区电子衍射结构[6]

熵合金优异的耐腐蚀和抗氧化能力也明显优于常规软磁合金，更有望应用在高温等恶劣环境中。由此，高熵合金的多元化为发展新型软磁材料提供了更广阔的成分空间。

9.5 矫顽力的影响因素及微观机制

软磁合金最典型的特征就是具有低的矫顽力，这主要受微观组织结构的影响，并与磁晶各向异性密切相关。在传统的软磁合金中，矫顽力 H_C 与材料的特征参数（磁晶各向异性常数 K_1）和晶粒尺寸 D_g 之间的关系可用下式表示[18]：

$$H_C = 3 \frac{\sqrt{kT_C K_1/a}}{J_S} \times \frac{1}{D_g} \tag{9-1}$$

式中，k 为常量；a 为点阵常数；J_S 为饱和极化强度。

由式（9-1）可见，小的 K_1 和大的 D_g 值可以获得低的矫顽力，其中 K_1 主要取决于合金的成分和相结构。因此，传统软磁合金一般通过获得较大的晶粒尺寸 D_g 来降低矫顽力，$H_C \propto D_g^{-1}$。而在非晶/纳米晶软磁合金中，极细小的纳米粒子在非晶基体上均匀分布［图9-3（b）］也会使合金具有极低的矫顽力，此时传统的矫顽力与晶粒尺寸的关系就无法描述这一现象。在此情况下，研究者引入平均各向异性常数 $<K_1>$ 代替 K_1，得到下式[19]：

$$H_C = 3 \frac{<K_1>}{J_S} \approx P_C \frac{K_1^4 D_p^6}{J_S A^3} \tag{9-2}$$

式中，D_p 为纳米粒子尺寸；A 为交换劲度常数；P_C 为无量纲前置因子。

由此可知，矫顽力正比于纳米粒子尺寸的6次方，$H_C \propto D_p^6$。图9-5给出了矫顽力 H_C 与传统合金的晶粒尺寸 D_g 和非晶/纳米晶合金纳米粒子尺寸 D_p 之间的关系，在传统合金中，晶粒尺寸越大，H_C 就越小；非晶/纳米晶合金中纳米粒子尺寸越小，H_C 也会越小；当晶粒或粒子尺寸为 $0.5 \sim 5\mu m$ 时，合金的矫顽力会超过1000A/m，此时合金不再表现为软磁特征。对于微观组织具有分级结构的软磁高熵合金来说，例如 $Al_{1.5}Co_4Fe_2Cr$ 合金，该合金微观组织由粗大的等轴晶（$D_g=90\mu m$）组成，每个晶粒内部都是由微米级晶胞（$D_g=400nm$）组成，而每个晶胞内部都有极细小的BCC纳米级粒子（$D_p=3 \sim 7nm$）弥散分布在B2基体上，如图9-6所示。根据图9-5给出矫顽力与晶粒尺寸的关系可见，粗大的 D_g 和纳米级的 D_p 都会使合金具有极低的矫顽力，但微米级晶胞的尺寸恰位于高矫顽力对应的尺寸范围内，故合金略高的矫顽力（$H_C=127.3A/m$）是由于微米级晶胞的存在造成的。由此，如果通过热处理等手段消除合金中微米级晶胞，则可实现矫顽力的理论值（小于1A/m）。

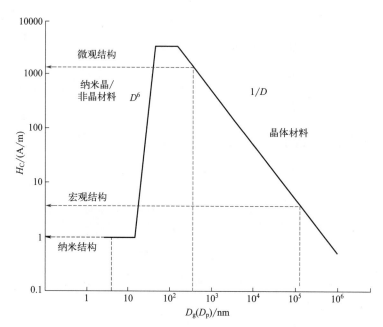

图9-5 软磁合金的矫顽力H_C与晶粒尺寸D_g（或粒子尺寸D_p）之间的关系[6]

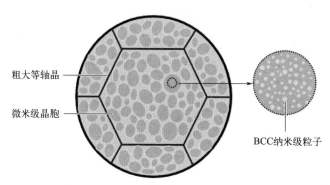

图9-6 $Al_{1.5}Co_4Fe_2Cr$软磁高熵合金的微观组织分级结构

展望

随着高性能磁性元件的日益高频化和小型化，针对目前软磁合金材料高温组织稳定性差、服役温度低、制备工艺复杂等问题，新型高温软磁的结构功能一体化材料的研发迫在眉睫。实际上，软磁材料的首要特征参数是矫顽力，它与合金的微观组织形貌（包括基体的晶粒和磁性纳米粒子的尺寸等）密切相关，因此，如何调控磁性材料的微观组织是获得高性能软磁合金的关键。与传统的软磁合金和非晶/纳米晶软磁合金相比，高熵软磁合金具有独特的多个主要元素混合的成分特性，可为合金微观组织设计提供新的成分平台；在由 Al/Si 和过渡金属构成的高熵合金中，析出相的存在使合金组织更加多样化，尤其是当有序超结构相与固溶体基体共存时，可形成高温下更加稳定的共格组织，更有利于实现对合金力学性能和软磁性能在宽温域的协同调控，有望成为新一代高温软磁体的候选材料。

参考文献

参考文献

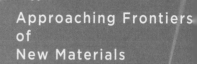

Approaching Frontiers
of
New Materials

第 10 章

玻璃家族的
新成员——
金属玻璃

吴　渊　刘雄军　吕昭平

10.1　金属玻璃的发现和发展

玻璃材料（如氧化物玻璃）由于其共价键有方向性和饱和性，不易规则排列，不能形成长程有序结构，因而容易形成无序的玻璃态结构。而金属材料由于其金属键无方向性等特征，极易发生结晶形成简单的晶体结构，如体心立方（BCC）、面心立方（FCC）或密堆六方（HCP）等，因此曾被认为不能制得非晶态的金属合金。直到 1960 年，美国加州理工学院的 Duwez 将完全融化的 Au-Si 二元合金喷射至冷的金属表面制得了几十微米厚度的非晶合金薄带，并将其整理成一篇很短的文章"Non-crystalline Structure in Solidified Gold-Silicon Alloys"发表在 *Nature* 上[1]。从此之后，人们才逐渐认识到这类新型的金属材料。非晶合金是由熔融的液体经过快速冷却后，发生"玻璃化转变"所形成的非晶态固体，也称"金属玻璃"（metallic glass）。

早期的非晶合金都是通过提高冷却速度，例如铜辊快冷或熔体快淬得到金属玻璃薄带或丝材。但提高合金液体冷却速度的能力受到设备开发和样品尺寸的限制，随着试样尺寸的变大，试样芯部的冷却速度会大幅下降，因而无法获得块体金属玻璃（通常认为三维尺寸在 1mm 以上）。在 20 世纪 80 年代初，Turnbull 和他的学生 Kui 等用 B_2O_3 对 Pd 基合金进行了净化处理，以消除合金熔体中的非均匀形核抑制结晶，通过优化合金成分成功制备出了厘米级的 Pd-Ni-P 及 Pt-Ni-P 系金属玻璃[2]。块体 Pd 基金属玻璃虽然因成本高昂多用于非晶物理的基础研究，但是该发现证明了通过改变合金成分可以在不提高冷却速度的条件下获得较大尺寸的金属玻璃。终于在 20 世纪 80 年代末，块体金属玻璃领域迎来了两位大师：美国加州理工学院的 Johnson 教授和日本东北大学的 Inoue 教授。他们改变了过去从工艺条件方面提高冷却速度来获得非晶结构的方法和思路，从合金成分设计的角度出发，通过多组元混合来提高合金系统本身的复杂性和黏性，也即提高合金的玻璃形成能力（Glass Forming Ability，GFA），从而可以在较低冷却速度的条件下制备得到直径超过 1mm，甚至达到 10mm 的块体金属玻璃，开发出 Zr-Ti-Cu-Ni-Be、La-Al-Ni-Cu、Mg-Y-Ni-Cu、Zr-Al-Ni-Cu 等新型块体金属玻璃体系[3-8]。

此后，通过合金设计获得具有更大 GFA 的合金体系，从而使在更低的冷却速度下获得更大尺寸的金属玻璃成为研究的重要目标之一。人们也总结提出了进行合金设计的多种准则和判据。Inoue 课题组通过大量研究多种具备较大非晶形成能力的非晶合金体系，提出了著名的 Inoue 非晶形成能力三原则判据[9]：

① 由三个或三个以上的元素组成合金体系。

② 组成合金体系的组元之间有较大的原子尺寸差，其中主要组成元素之间的原子尺寸差应大于 12%。

③ 主要组成元素之间的混合热应为负值。根据金属玻璃的物理性能和温度特征等一系列物理参数，科学家们也提出了一些简单的非晶形成判据。

（1）约化玻璃转变温度 T_{rg}

$$T_{rg} = T_g/T_1 \qquad (10\text{-}1)$$

式中，T_g 为玻璃转变温度，℃；T_1 为液相线温度，℃。这个准则是基于 Turnbull 的非平衡凝固理论提出的，即处于熔点的熔体是内平衡的，当冷却到熔点以下，就存在结晶驱动力，驱动力的大小随过冷度的大小而改变[10]。根据这个判据，T_{rg} 值越大，表示合金的玻璃形成能力越强。这个判据在 20 世纪 90 年代被广泛使用，并在许多合金中得到了验证。但是，随着越来越多的金属玻璃体系被开发出来，研究者们逐渐发现在一些复杂的金属玻璃体系中，T_{rg} 参数存在较大的偏差，不能很好地表征合金的 GFA。

（2）过冷液相区 ΔT_x

$$\Delta T_x = T_x - T_g \qquad (10\text{-}2)$$

式中，T_x 为晶化开始温度，℃。1990 年，Inoue 等[11]基于稳定的过冷液相区能抑制晶化的考虑，首次提出了过冷液相区判据。根据这个判据，ΔT_x 值越大，合金的过冷液相区稳定性越高，其 GFA 越大。虽然这个判据在 $Pd_{40}Ni_{40-x}Cu_xP_{20}$（$0 \leqslant x \leqslant 20$）等合金体系中表现出了良好的玻璃表征能力，在一定程度上弥补了约化玻璃转变温度判据上的不足，但是在 Zr-Ti-Cu-Ni-Be 等合金体系中却出现偏差。

（3）γ 参数 由于金属玻璃的形成是一个复杂的过程，以前的约化玻璃转变温度判据和过冷液相区判据都还存在不足。因此，吕昭平等[12]在前人工作的基础上，提出了新的 γ 参数 GFA 判据：

$$\gamma = T_x/(T_g + T_1) \qquad (10\text{-}3)$$

根据这个判据，对于 γ 值为 0.35 ～ 0.5 的合金体系都可以形成块体金属玻璃。γ 参数判据是在统计大量以前工作的基础上提出的，并且又在 Pd-Si、Ce-Ni-Cu-Al、Fe-Y-(Zr，Co)-(Mn，Mo，Ni)-Nb-B、Ca-Mg-Zn、Cu-Zr-Al-Ag、Ni-Zr-Ti-Si、Ti-Cu-Ni-SnBe-Zr 和 Mg-Cu-Gd 等各种金属玻璃体系中得到了证实[13]。

根据这些参数，可以更好地探索设计出具有更高玻璃形成能力的合金成分，目前开发出的块体金属玻璃合金体系已经比较丰富，但设计出具有更高玻璃形成能力，能够更易做出更大尺寸的合金体系依然是人们追求的目标之一。

10.2　金属玻璃独特的性能特点

由于金属玻璃具有独特的无序原子结构，与传统晶态合金材料相比，金属玻璃在多方面具有独特的性能特点。

（1）**优异的力学性能**　金属玻璃普遍具有高强度、高硬度、高断裂韧性的特点。迄今为止，块体金属材料强度的最高纪录是 Co-Fe-Ta-B 块体金属玻璃的压缩强度 5185MPa[14]，最高的断裂韧性是 Pd 基金属玻璃的 200MPa·$m^{1/2}$[15]。此外，金属玻璃不仅在断裂过程中具有自锐的特征，而且在高速载荷作用下的动态变形过程中，其断裂韧性会随着应变速率的增加而增大，是目前发现的最为优异的穿甲弹弹芯材料之一。这些优异的力学性能使金属玻璃在结构材料方面展现了诱人的应用前景，目前，采用金属玻璃制备的微齿轮和折叠手机铰链等高精度产品已经逐步在高端 3C 电子产品上得到推广应用。

（2）**最大弹性极限**　非晶合金的最大弹性应变量可达 2.2%，而传统晶体材料的弹性极限通常小于 0.5%，因此非晶合金具有更高的弹性比功，例如 Zr 基大块非晶合金的弹性比功为 19mJ/m^2，比弹性最好的弹簧钢的弹性比功（2.24mJ/m^2）高出约 8 倍[16]。

（3）**过冷液相区的超塑性**　金属玻璃在过冷液相区内表现出黏性流动行为，呈现出超塑性变形的特征，有些合金成分的伸长率甚至超过 15 倍[17]。利用超塑性，金属玻璃可以在此温度区间内被精确地压制成型，实现近净成型，因此其也被广泛应用于各种精密零部件的生产。

（4）**优异的软磁性能**　由于磁性近邻交换相互作用，金属玻璃表现出宏观上的铁磁性。此外，结构上的各向同性使其具有较小的各向异性，这也是它具有优异软磁性能的重要原因之一。在众多软磁性能中，目前学者主要集中于铁基金属玻璃的高饱和磁感应强度 B_s、低矫顽力 H_c、高磁导率 μ_e 以及低损耗的研究。

（5）**优异的耐腐蚀性能**　耐腐蚀性是工程结构材料的重要评价指标之一。金属玻璃中不存在晶态材料中易腐蚀的晶界、相界等晶体缺陷，同时成分均匀，可以大量包含易形成稳定钝化膜的元素。此外，金属玻璃硬度高，钝化膜结合力强，不易发生剥落分离。因此，自从金属玻璃问世以来，它所具有的优异耐蚀性被人们广泛关注。

（6）**优异的抗辐照性能**　随着碳达峰、碳中和战略的提出，核能的应用获得了更加广泛的关注，这进一步增加了对具有优异抗辐照性能材料的需求。不同于传统晶体材料在辐照条件下会出现离位损伤，金属玻璃所具有的独特的拓扑无序结构，使其具有优异的抗辐照性能。其中，铁基金属玻璃同时具有高强度、高硬度、高耐蚀、较高的玻璃化转变温度和热稳定性、低活性等性能特点，且制备成本低廉，制备条件相对宽松，因而在核电领域具有广泛的应用前景。

（7）**优异的电催化性能**　金属玻璃可以作为通过脱合金制备电催化材料的前驱体，具有多方面的优势：简单结构有利于合成具有均匀孔结构的纳米多孔金属；多组元组成的前驱体，成分范围宽，组元可调，便于通过合金化策略实现孔结构调控；前驱体本身具备优良的柔韧性，可以结合适当的脱合金工艺实现柔性自支撑电极的制备。通过对前驱体成分进行调控，可以实现二元乃至多组元的纳米多孔金属材料的合成，兼具结构稳定性与催化活性。

就像一个硬币的两面一样，金属玻璃长程无序的原子排列带来了独特的性能特点，也带来了一些关键的挑战，例如如何对它的三维结构进行描述，如何建立定量的结构-性能关联，如何克服室温脆性的问题等。

10.3 金属玻璃独特的结构特点

金属玻璃具有无序中蕴含有序、均匀中蕴含不均匀的独特的结构特点。晶态金属材料的原子排列具有旋转对称和平移对称，因而可以采用单胞代表材料的结构，而且位错理论、孪晶变形理论等经过很多年的发展，使人们对其结构-性能关联理解得相对比较清晰。由于金属玻璃的原子排列不具有晶态金属材料的长程有序对称结构，无法像晶态合金那样通过点阵类型和点阵常数确定出所有原子的位置，更无法用一个单胞代表材料的结构。因此其三维结构始终是金属玻璃的研究热点和难点。到目前为止，金属玻璃结构的精确实验测定还存在着局限性，常用的研究方法（如 X 射线衍射技术、高分辨透射电子显微镜、小角散射技术等）还无法精确测定原子的三维空间排列，仍然需要借助先进的计算模拟方法，例如基于密度泛函理论的第一性原理计算、分子动力学模拟等。

采用什么样的结构模型来描述无序结构特征，是理解金属玻璃的重要问题。科学家相继提出了多种结构模型，例如微晶模型、硬球无规密堆模型、连续无规网络模型、有效密堆团簇模型等[18-24]。国际著名材料学者马恩教授根据 Miracle 教授等的有效密堆积团簇模型提出了准等同团簇密堆模型。通过结合同步辐射技术和计算模拟方法，成功获得了过渡族金属-类金属合金体系、过渡族金属-过渡族金属合金体系和金属-过渡族金属合金体系（$Al_{75}Ni_{25}$、$Al_{25}Zr_{75}$）的原子构型，基于实验和计算的模型结果认为构成金属玻璃的基本单元是各种各样的沃罗努瓦（Voronoi）多面体形成的团簇，其中以二十面体团簇或类二十面体团簇占主导，这些团簇以共点、共面或共边的方式连接成类二十面体堆积的结构，形成了非晶合金的中程序（图 10-1）[25,26]。

刘雄军等人通过对金属玻璃双体分布函数（PDF）的统计分析，发现了金属玻璃原子排列的共性规律[27]：球周期（SPO）与局部平移对称性（LTS）相结合的原子堆垛特征，即金属玻璃原子堆垛是在球周期对称分布上叠加中程尺度上的一维平移对称分布。因而，金属玻璃的原子排列具有长程无序而中短程有序的特征，在三维宏观上表现出均匀的各向同性，但存在局域不均匀性，有些区域排列紧密，而有些区域排列疏松，这些不均匀性会显著影响金属玻璃的变形行为和力学性能，甚至被称作金属玻璃的"灵魂"。

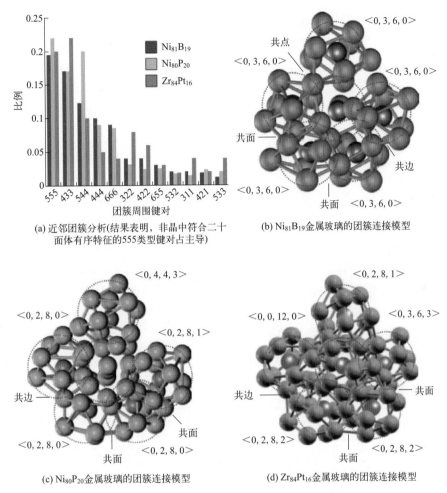

(a) 近邻团簇分析(结果表明,非晶中符合二十面体有序特征的555类型键对占主导)

(b) Ni₈₁B₁₉金属玻璃的团簇连接模型

(c) Ni₈₀P₂₀金属玻璃的团簇连接模型

(d) Zr₈₄Pt₁₆金属玻璃的团簇连接模型

图10-1 典型非晶成分的准团簇密堆模型[25]

10.4 金属玻璃丰富的动力学弛豫行为

　　虽然对于金属玻璃的三维原子结构研究还存在困难,其定量化的结构-性能关系建立还有待努力,但通过统计物理学和动力学的研究方法能够为探索金属玻璃奇妙的内在结构和行为特征提供一条有效的途径。例如,对金属玻璃弛豫行为的研究是揭示非晶结构特征和理解力学响应机制的重要手段。研究表明,金属玻璃及过冷液体中的主要弛豫行为有α、β和快β三种[28,29],如图10-2所示。α弛豫是体系多数粒子大尺度的运动,主要存在于过冷液体中。经过玻璃转变,α弛豫或大规模粒子的平移运动在非晶态被冻结,所以α弛豫的冻结或解冻对应于玻璃转变。β弛豫是由于非晶结构的非均匀性受到热激活作用的影响,在非晶固态中没有被完全冻结住的纳米区域内发生的原子运动。目前的研究结果更倾向于α弛豫是由很多β弛豫过程自组织而成的。非晶合金中β弛豫的发现为研究非晶合金中流变结构起源、形变和玻璃转变的关系提供了重要的基础和切入点。β弛豫可以反映金属玻璃中结构不均匀性的大致分布和激活能等信息。β弛豫的激活能与金属玻璃中的基本变形单元剪切转变区（STZ）的激活能高度一致，表明金属玻璃中的β弛豫和其力学性能有密切关系。

通过进一步分析La系等体系的金属玻璃在不同温度和频率下的弛豫波谱，可以在更低的温度条件下观察到α和β以外的弛豫峰，即快β弛豫（图10-2中的β′）[28]。它与金属玻璃中的局部重排紧密相关，可以更清楚地揭示金属玻璃中复杂的动力学行为和塑性的起源。通过激活金属玻璃中的快β弛豫行为，可以促进多重剪切带的形成，从而澄清了某些金属玻璃体系在不同温度下出现韧-脆转变的原子机制。最近，通过结合广泛的动力学实验与计算机模拟，人们发现快β弛豫的激活能和高温液体动力学的激活能保持一致，说明金属玻璃中存在继承了高温液体动力学行为的类液体原子。这些类液体原子并没有被冻结，它们在室温下仍然可以快速地扩散，有效黏度只有10Pa·s，比金属玻璃通常的黏度低了至少6个数量级[30]。这一发现突破了玻璃的传统微观图像，即玻璃态其实是一种部分为固态、部分为类液态的奇异状态。

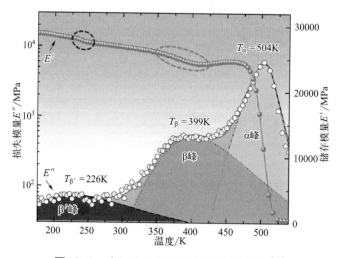

图10-2　金属玻璃中发现的三种弛豫行为[28]

事实上，在玻璃转变温度点以下的温区，金属玻璃的自由表面仍处于类液体状态。这是由于在金属玻璃的自由表面处，原子受到来自周围邻近原子的"动力学限制"比体内弱，使其表面原子扩散速率约比体内原子快10⁵倍以上。这种高的表面动力学效应会导致在低于玻璃转变温度时金属玻璃的表面也可以很快晶化，其表面晶化速度是块体中的100多倍[31]。汪卫华等采用在低于T_g的温度长时间等温退火方法，在Pd₄₀Ni₁₀Cu₃₀P₂₀金属玻璃表面上实现了大面积、大晶格周期、类超晶格调制结构的稳定生长。这种方法的生长条件简单且无需衬底辅助，极大地简化了超晶格的制备工艺，降低了制造成本。因此，金属玻璃的这种类液体的表面特性对于低维材料的开发和应用至关重要。此外，金属玻璃高的表面动力学效应还意味着金属玻璃可以拥有比传统合金更优异的连接性能和更快的连接速度。马将等证实利用金属玻璃独特的表面动力学特性，可以通过超声波将小尺寸金属玻璃焊接获得大尺寸金属玻璃[32,33]。这种方法仅激活金属玻璃表面的类液体特性就可以使其焊合，实现了多种体系金属玻璃尤其是一些GFA较差体系的超声制造以制备块体金属玻璃。

10.5　金属玻璃局域化的变形机制特点

　　金属玻璃的变形机制不同于氧化物玻璃和晶态金属。氧化物玻璃的塑性变形伴随着共价键断开和宏观断裂，晶态金属通过位错和孪晶可以产生宏观均匀塑性和加工硬化，金属玻璃虽会发生塑性变形，但高度局域化。学者们对金属玻璃的变形机制做了大量的研究，从非晶独特的结构特征出发提出了多种微观模型来解释金属玻璃的变形机制。Spaepen提出了以单原子跃迁为基础的"自由体积涨落"模型[34]，此模型建立在Cohen和Turnbull的理想硬球熔体的原子扩散的理论基础上，认为原子从一个位置扩散至另一个位置周围需要有足够的空间，显然这种过程容易在金属玻璃中原子排列较松散的地方进行。虽然在非均匀变形中，单个原子的跃迁对宏观剪切变形的贡献很小，但自由体积模型还是提供了一个描述金属玻璃塑性变形的相对完整且简单实用的理论体系。Argon提出了以原子团簇协作剪切运动为基础的"剪切转变区"模型[35]，该模型描述的是局部塑性或滞弹性原子团簇重排产生的流变，基本的变形单元被认为是原子团簇或原子集团，而不是单一原子或自由体积。局部的塑性流变会引起周围材料的局部变形，从而引发更多的剪切形变区和较大的剪切转变区平面带，最终演化为宏观尺度的剪切带。

　　中国科学院力学研究所蒋敏强等提出了"拉伸转变区"模型，认为原子集团的运动不再是剪切控制，而是由体积膨胀控制，承受显著的静水拉应力，伴随着微弱的剪切变形[36]。这种由静水拉应力驱动的局部原子集团运动事件被定义为"拉伸转变区"。汪卫华提出了"流变单元"模型[37]，认为金属玻璃中存在的空间结构和动力学都是异于基体的、类似晶体中缺陷的微观区域，相比非晶态结构中的其他区域，具有较低的模量和强度、较低的黏度系数和较高的能量及原子流动性，对应原子排布较为疏松或原子间结合较弱的区域。根据流变单元理论，金属玻璃由较硬的弹性基体和较软的流变单元组成（图10-3），分别称为"硬区"和"软区"，或"类固区"和"类液区"，其中的硬区可储存外加能量，软区流变单元可耗散能量。这种流变单元的激发、演化和相互作用等过程可以看成是类液相在基底上的形核、长大过程。

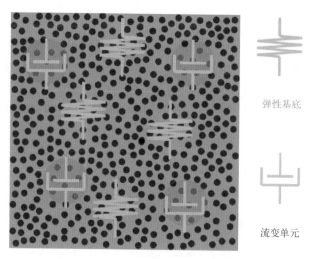

弹性基底

流变单元

图10-3 流变单元结构及力学模型[37]

10.6 金属玻璃的室温脆性挑战及韧塑化

金属玻璃的变形不像氧化物玻璃那么脆，但也无法像晶态金属那样可以通过位错孪晶等产生宏观均匀塑性变形和加工硬化。因而尽管金属玻璃具有非常高的强度，但其在室温条件下的塑性变形能力有限，拉伸塑性几乎为零，而压缩塑性一般也不超过2%[38,39]，导致金属玻璃的实际工程应用受到室温脆性的影响和制约。其主要原因是金属玻璃的室温塑性变形通过高度局域化的剪切进行，材料发生屈服后，塑性变形主要集中于数量有限且初始厚度仅有几十纳米的剪切带中，不能承受后续的加载，常表现出灾难性的脆性断裂特征。因此，室温脆性已经成为金属玻璃的"阿喀琉斯之踵"，这使其高强度、高断裂韧性等优异的力学性能在实际服役过程中无法体现出来，极大地限制了金属玻璃作为结构材料的工程应用与推广。提高金属玻璃的塑性变形能力是其在结构材料甚至功能材料方面广泛应用所面临的重要挑战。

基于金属玻璃在塑性变形中高度局域化的不均匀剪切变形特征，目前主要通过调节其内禀特性，如弹性常数、自由体积、多尺度的非均匀结构以及利用尺寸效应，或以原位生成或外加的方式引入晶体相，使其在变形过程中有效地阻碍单一剪切带的快速扩展，进而促进多重剪切带的萌生、增殖与相互交叉，以提高金属玻璃中剪切带的数量，降低非均匀变形的局域化程度，使合金的变形趋于均匀，从而控制材料的形变与断裂行为，这是目前金属玻璃材料韧塑化的主要手段。

从金属玻璃的能量及微观结构出发，对于单相结构金属玻璃内禀特性的调控目前有多种多样的方式。例如，调控金属玻璃中的自由体积，金属玻璃中的自由体积含量越高，则其塑性变形能力越强。通过调控金属玻璃制备过程中的冷却过程，可以实现对自由体积的调节，从而实现其塑性变形能力的提高。还可以调控金属玻璃的结构不均匀性[40]，通过合理地利用外场，可以实现本征弛豫过程的逆过程，即金属玻璃结构的"年轻化"——增加了金属玻璃中的结构不均匀性程度。金属玻璃结构的"年轻化"是从能量的角度提高金属玻璃中"软模"或"类液区"的含量（图10-4），以降低局域剪切过程的激活能，促进剪切带的形核，从而提高金属玻璃的塑性变形能力[40]。金属玻璃"年轻化"的方式包括循环生冷、离子辐照、表面喷丸，调整大整体或表面的结构不均匀性，使金属玻璃的能量从较低的能量势垒向较高的能量状态转移。

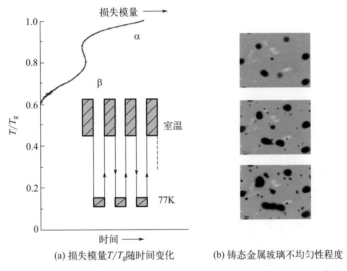

(a) 损失模量T/T_g随时间变化　　(b) 铸态金属玻璃不均匀性程度

图10-4　运用低温冷热循环调控非晶合金中的结构不均匀性[40]

　　作为结构弛豫的逆过程，回春处理可以有效提高金属玻璃的能量状态，引入更多自由体积和流变单元，提高室温塑性。李毅等通过引入三维应力状态，使非晶合金在大尺寸（毫米级）范围内发生剧烈的软化和回春，有效抑制了剪切变形，使金属玻璃在室温压缩条件下均匀变形，所储存的变形能接近30%，是传统单轴压缩方法的3倍[41,42]。为了进一步促进体系通过结构回春后能量和结构无序度的增大，汪卫华等通过机械合金化构筑了类纳米非晶型核壳结构基元，利用核壳结构的界面势垒特性，成功获得了兼具高能态和高稳定性的金属玻璃，解决了回春材料的稳定性问题[43]。

　　提高块体金属玻璃结构不均匀性的常规手段是增加局域疏松区。最近，吴渊等发现通过增加局域密排区也可以提高金属玻璃的结构不均匀性，进而提出了一种金属玻璃强韧化的新策略，即通过适量非金属小原子的掺杂，在金属玻璃中形成局域密排区（图10-5）[44]。这种提高结构不均匀性的方法可以促进溶质周围原子在较高的应力水平下参与塑性变形，同时提高材料的强度和塑性。目前这种新的合金设计理念已经在多个体系中得到了证实[44]。

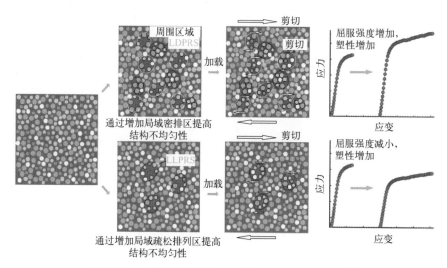

图10-5　两种增强金属玻璃结构不均匀性的方式[44]

[注：一种如图中下一行所示，通过预变形等方法增加局域疏松排列区（LLPRs），会提高塑性，但会损失强度；另一种如图中上一行所示，通过掺杂类金属小原子来增加局域密排区（LDPRs），能够同时提高强度和塑性。不同颜色和大小的球体代表了多组分金属玻璃中不同的组成元素]

通过在金属玻璃基体中采用内生或外加的方法引入第二相，阻碍单一剪切带的扩展，促进多重剪切带的萌生、扩展以及相互交叉，也可以极大地提高金属玻璃的塑性和韧性。通过调整第二相的结构、尺寸、体积分数和分布等，可以优化复合材料的综合力学性能。

通过外加第二相方法制备的块体非晶复合材料，可以较好地控制外加第二相在非晶基体中的分布，在一定程度上可以提高块体金属玻璃的压缩塑性变形能力，强度较单相金属玻璃材料也稍有提高。但是，外加第二相和非晶基体的界面结合质量往往不如内生块体非晶复合材料好，目前尚无这类材料拉伸塑性的报道，且罕有加工硬化现象。

为了获得更加优异的综合力学性能，研究人员尝试在金属玻璃中内生晶体第二相，以获得良好的界面结合和宏观性能。加州理工大学的Johnson课题组通过在非晶基体中内生枝晶相，首次在金属玻璃材料中获得了拉伸塑性，但拉伸塑性主要来源于颈缩所产生的局部变形。屈服之后，应力随着应变的增加而下降，材料表现为应变软化[45]。吴渊等[46]将传统合金中的相变诱导塑性（TRIP）效应引入块体非晶复合材料中，成功开发出了一系列具有优异拉伸塑性以及良好加工硬化能力的TRIP效应韧塑化块体非晶复合材料（图10-6）。大幅提升的综合力学性能主要归因于马氏体相变的贡献，变形过程中，非晶基体内剪切带的大量激活导致应变软化发生，而B2晶体内马氏体相变生成的B19′马氏体硬度相对B2相更高，弥补了非晶基体的应变软化。同时马氏体相的硬度和模量增加，对变形的抵抗能力也增强，塑性变形会倾向于转移到仍未发生相变的地方，抑制局部变形，从而促使非晶复合材料发生均匀变形。

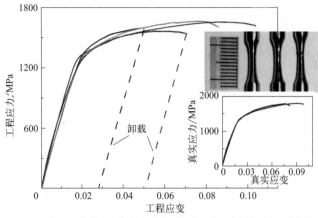

(a) 拉伸工程应力应变曲线(虚线表示卸载过程，右侧小图中上半部分
为拉伸试样在不同预应变阶段的外观，下半部分为真实的拉伸应力-
应变曲线，显示了明显的加工硬化行为)

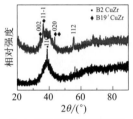  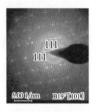

(b) 变形前后X射线衍射图谱　　(c) 变形后的B2纳米晶　　(d) B19′马氏体相的
（黑色曲线为变形前，　　　　的透射电子显微镜图像　　选区电子衍射斑点
红色曲线为变形后）

图10-6　$Zr_{48}Cu_{47.5}Co_{0.5}Al_4$ TRIP 效应韧塑化块体非晶复合材料[46]

10.7　金属玻璃的应用前景

社会的发展和科技的进步对各种特殊性能新材料的需求越来越多，金属玻璃所具有的多种独特性能将找到更多的用武之地，其应用领域将会不断扩展，与之相关的新部件、新产品将不断涌现，对金属玻璃的需求量也将持续扩大。

（1）**软磁应用**　金属玻璃及衍生的纳米晶产品主要应用于变压器、智能电网中的智能电表、太阳能并网发电的光伏逆变器和新能源汽车等。金属玻璃研发的新产品主要有第三代高性能纳米晶薄带（带厚低于22μm）、高端共模电感铁芯、高频功率变压器铁芯、C形铁芯和高效电动机非晶定子铁芯[47]。金属玻璃材料应用的另一个新兴领域是非晶高效电动机。非晶高效电动机具有高转矩密度、高效率、小体积和大功率等特点，因而开发非晶高效电动机对我国工业电动机系统有着巨大的节能意义。目前国际上采用金属玻璃定子铁芯开发研制的非晶高效电动机，其运行效率可达到95.0%，具有巨大的节能潜力。

（2）**生物医用**　传统的晶态医用合金还面临一些挑战，例如低强度、高弹性模量、低的耐磨性，容易发生缝隙腐蚀、点蚀以及应力腐蚀开裂和高循环疲劳失效，X射线或磁共振成像不相容性等。生物医用金属玻璃具有生物玻璃和生物金属的组合特性，高强度和低弹性模量的特点使其在理论上非常适合生物医用。特别是其弹性极限为2%，高于骨骼的弹性极限（1%），因而金属玻璃比现有的医用材料应力分布更加均匀，可以减少应力集中和应力遮挡效应，从而实现患者更快地康复愈合。在过去的几十年中，一些应用于生物医学的特殊非晶合金被开发出来，并作为生物材料开展了体外和体内试验以及可行性评估，应用领域包括整形、心血管、植入物和填充物等。

（3）**电子零部件**　由于金属玻璃的优良成型特性，其最终成型产品在尺寸精度和重复性方面具有独特的优势，可以满足手机折叠屏和手机人脸识别支架等微型复杂零部件的开发和应用。2019年，折叠式金属玻璃手机铰链正式进入市场。目前采用Zr基块体金属玻璃材料制成的手机铰链已经在华为、vivo和ROYOLE等多个品牌的可折叠手机上得到实际应用。与此同时，伴随着人脸识别解锁技术的热潮，智能手机市场对人脸识别的需求也越来越高。块体非晶合金端面内径支架的几何公差为±0.03mm，成型后不会出现塑性变形，平面度可以确保在±0.04mm以下，达到了尺寸精度和平整度的要求，因此其成为业界的宠儿。

（4）**极端环境结构应用**　金属玻璃在力学、耐腐蚀、可加工性等方面的独特优势使其可以明显提高许多国防产品的性能和安全性。例如采用钨纤维与块体非晶合金复合制成的穿甲弹头，不仅可以达到很高的密度、强度和模量，而且可以设计出更大长径比的以非晶合金为弹芯的穿甲弹，并且可以实现装药量的提高，从而实现弹体初速度的提升。此外，该复合材料还保留了非晶合金的自锐化特性，因而具有高绝热剪切敏感性和优异的穿甲性能。此外，块体金属玻璃还有望在高性能复合装甲、高耐磨表面硬化和轻量化部件、抗腐蚀部件和电子器件保护套、轻量化和高强度结构部件等方面得到应用。

（5）**体育用品**　得益于金属玻璃优异的能量传递特性，其在体育用品方面也有着非常好的应用前景。例如，采用非晶合金制成的高尔夫球杆头材料，可以实现99%能量的传递，远高于传统不锈钢和钛合金制品。同时，采用金属玻璃制作的滑雪板、棒球棒、滑冰用品、网球拍等产品已经逐渐开始商业化。

展望

过去的半个多世纪，金属玻璃的研究几经波峰与波谷。作为金属玻璃材料发展过程中一个重要的里程碑，块体金属玻璃的出现推动了金属玻璃由过去单一的功能材料应用向集优异的物理、化学性能于一体的新型功能性结构材料的跨越。但是大规模应用这个瓶颈一直没有被突破，金属玻璃的应用需要创新和艰难探索，这方面的投入和研究还远远不够。对金属玻璃的研究和理解仍像是盲人摸象，基本理论框架尚待建立，关于金属玻璃的结构和物理本质的研究也还存在争论，这些问题和难题既是挑战也是机会。

当今基于高通量思想的成分设计与多层次材料设计理念不断革新，通过加速建立强大的模型和有效算法并与建立材料设计数据库、革新数据集群相结合，有望实现金属玻璃的模型化、数值化和可调控化设计，建立高通量集成设计计算体系，从而代替长时耗费的经验研究模式。同时，先进、独特的材料表征和实验技术的发展对金属玻璃的发展也至关重要。在深化理论构建与突破微观表征的基础上，金属玻璃的研究、设计与应用必将不断取得突破。

参考文献

参考文献

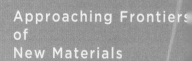

Approaching Frontiers
of
New Materials

第 11 章

拓扑绝缘体与反铁磁的美妙邂逅

宋 成 白 桦 陈贤哲 寇煦丰 潘 峰

11.1 拓扑源起

拓扑本是数学领域的重要概念，自 20 世纪 50 年代引入物理学科后，在凝聚态物理、量子场论和宇宙学等方向得到广泛应用，近年来亦逐步在量子材料研究方面扮演着重要角色。磁性作为一种重要的材料物理性能，与其相关的主题多次站到诺贝尔奖的领奖台上。磁学应用已渗透到我们生活中的方方面面，包括磁存储、磁传感、稀土永磁和软磁等。纵观物质科学史实，拓扑与磁性的结合往往带来美妙的结果。1980 年，Klaus von Klitzing 等在强磁场下的二维电子气中发现整数量子霍尔效应（1985 年获诺贝尔物理学奖），此即拓扑与磁的初遇。

随着磁性拓扑绝缘体和磁性拓扑半金属等新材料的不断发现，拓扑为材料物理的研究又打开了一扇全新的窗户。例如，在掺杂型 [过渡金属掺杂（Bi,Sb）$_2$Te$_3$] 和本征（MnBi$_2$Te$_4$）等磁性拓扑绝缘体中，相继发现了量子反常霍尔效应。又如，磁性外尔半金属（Mn$_3$Sn 和 Co$_3$Sn$_2$S$_2$ 等）表现出大于常规铁磁金属的反常霍尔效应。最近，又在磁性狄拉克半金属（CuMnAs 和 EuCd$_2$As$_2$ 等）中观察到新奇的磁电输运性质。此外，磁性材料与拓扑绝缘体之间的磁近邻效应，也为调控材料界面性质赋予了新的内涵。下面重点介绍拓扑磁性的自旋电子学方面的内容。

11.2 拓扑绝缘体

近年来，以拓扑绝缘体为代表的量子材料为自旋电子学器件注入了全新的活力。由于自旋动量锁定的特点 [图 11-1（a）]，拓扑绝缘体具有高的电荷-自旋转化效率，为降低自旋电子学器件的功耗奠定了理论基础。早期，如康奈尔大学的 Daniel C. Ralph[1] 和加利福尼亚大学洛杉矶分校的 Kang L. Wang 等[2] 课题组在拓扑绝缘体/铁磁异质结中，发现了源于拓扑表面态的自旋流，能高效操控相邻铁磁层的磁矩。与之相对应，铁磁磁矩也能影响拓扑表面态中电子自旋的状态，进而得到显著的磁电阻效应[3]。

反铁磁材料 [图 11-1（b）] 由于无杂散场（相邻磁矩反平行）、本征频率高和抗外磁场干扰等优势，有望替代铁磁材料，成为下一代高速、高密度、低功耗的非易失性磁存储器中的核心材料，并为构建微型太赫兹纳米振荡器提供新思路。在重金属/反铁磁异质结中，自旋霍尔效应产生的自旋流与反铁磁磁矩的相互作用已经得到验证，包括：磁控电，反铁磁磁矩调制的自旋霍尔磁电阻效应[4]；电控磁，电流诱导的自旋轨道矩翻转反铁磁磁矩[5,6]。美中不足的是，相较于铁磁体系，不论

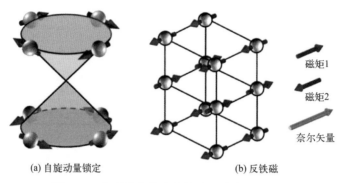

(a) 自旋动量锁定　　　　(b) 反铁磁

图11-1　拓扑绝缘体中自旋动量锁定和反铁磁

是反铁磁单层还是重金属/反铁磁异质结的写入功耗均较大，临界翻转电流密度 J_c（10^7A/cm²）太高[5-7]。为了降低写入功耗，我们将目光投向拓扑绝缘体。由于其很强的电荷-自旋转化能力，拓扑绝缘体有望显著降低反铁磁磁矩翻转的临界电流密度，这是走向实际应用的关键步骤。

　　我们通过分子束外延技术，在反铁磁绝缘体α-Fe_2O_3上沉积了高质量的（Bi, Sb）$_2$$Te_3$拓扑绝缘体薄膜［图11-2（a）］，并经过一系列基于微加工的技术步骤，成功制备出原型器件，为观测磁场角度依赖的磁电阻效应打下了基础。在Bi：Sb成分为1：3的（$Bi_{0.25}Sb_{0.75}$）$_2$$Te_3$/α-$Fe_2O_3$异质结中，我们观察到周期为180°的磁电阻效应，其极性与反铁磁自旋霍尔磁电阻效应一致，即0°时呈现低电阻态，90°时呈现高电阻态［图11-2（b）］。结果表明，该磁电阻来源于反铁磁磁矩随外磁场的转动。

　　拓扑绝缘体表面态产生自旋流的机制类似于Rashba效应，而逆Edelstein效应则将反射后的自旋转化为电荷流并表现出磁电阻效应，此即Rashba–Edelstein磁电阻的产生机制。我们看到，室温下该磁电阻比值为0.16%，而在5K下该值达到0.6%，优于目前在重金属/反铁磁体系中报道的自旋霍尔磁电阻比值。通过改变Sb元素的成分，来调节（Bi,Sb）$_2$$Te_3$的费米能级位置，我们看到室温下的磁电阻信号会在Sb

(a) (Bi, Sb)$_2$Te$_3$/α-Fe$_2$O$_3$异质结
的透射电镜表征结果

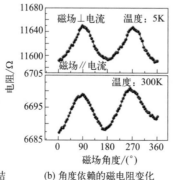

(b) 角度依赖的磁电阻变化

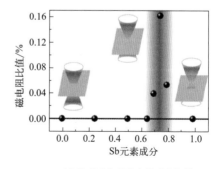

(c) Sb成分依赖的室温磁电阻值

图11-2　磁电阻效应

成分靠近 0.75 附近时出现一个陡峭峰值。这一峰值恰好对应于（Bi,Sb）$_2$Te$_3$ 中费米面处于狄拉克点的位置 [图 11-2（c）]。这一对应进一步支持了（Bi,Sb）$_2$Te$_3$ 拓扑表面态贡献 Rashba–Edelstein 磁电阻的结论。此乃拓扑绝缘体与反铁磁碰撞出的第一束火花——反铁磁磁矩可调制拓扑绝缘体中电子自旋的状态，进而带来显著的磁电阻效应。

正是受这一火花的启发，我们选取了（Bi$_{0.25}$Sb$_{0.75}$）$_2$Te$_3$/α-Fe$_2$O$_3$ 这一成分的样品开展更细致深入的探索。我们首先制成八端器件 [图 11-3（a）]，以探究电流脉冲诱导的反铁磁磁矩翻转。在室温下，沿 α-Fe$_2$O$_3$ 样品的 [2-1-10] 和 [11-20] 两个晶向施加电流脉冲，可以实现霍尔电阻的高低循环变化 [图 11-3（c）]。当用约 1T 的外磁场固定 α-Fe$_2$O$_3$ 的磁矩后，施加同样的电流脉冲就不再能改变样品的霍尔电阻态，证明反铁磁磁矩翻转是产生霍尔电阻变化的原因。特别注意到，这里的磁矩翻转临界电流密度约为 3.5×10^6 A/cm^2，相比于 Pt/α-Fe$_2$O$_3$ 结构降低一个数量级。温度依赖性测试表明，临界翻转电流密度随温度降低而降低，与 Pt/α-Fe$_2$O$_3$ 结构所展现的规律相反 [图 11-3（b）]。很显然，后者增强的临界翻转电流密度，是由于低温下 α-Fe$_2$O$_3$ 的磁各向异性增强；而低温下拓扑表面态提升的电荷 - 自旋转化效率，足以克服增强的磁各向异性，实现更高效的反铁磁磁矩翻转。

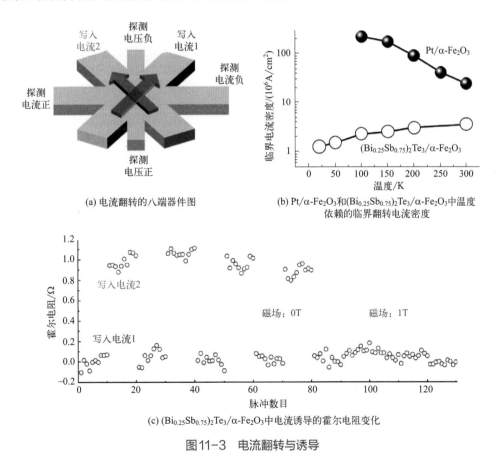

(a) 电流翻转的八端器件图

(b) Pt/α-Fe$_2$O$_3$ 和 (Bi$_{0.25}$Sb$_{0.75}$)$_2$Te$_3$/α-Fe$_2$O$_3$ 中温度依赖的临界翻转电流密度

(c) (Bi$_{0.25}$Sb$_{0.75}$)$_2$Te$_3$/α-Fe$_2$O$_3$ 中电流诱导的霍尔电阻变化

图 11-3　电流翻转与诱导

　　值得一提的是，正负电流脉冲虽然产生相同的热效应，但在适当条件下能够调控反铁磁磁矩在两个稳态之间循环翻转。这一现象有力证明了自旋轨道矩在反铁磁磁矩翻转中的重要作用。最近，正负电流诱导的反铁磁磁矩循环翻转的现象也在重金属/反铁磁异质结中被观察到[8,9]。这一结果即为拓扑绝缘体与反铁磁碰撞出的第二束火花——拓扑绝缘体产生的强自旋流，可高效翻转反铁磁磁矩。这一工作打开了拓扑绝缘体（拓扑表面态）/反铁磁异质结的大门，相关结果于2022年9月5日在线发表于《自然·电子学》。

参考文献

参考文献

Approaching Frontiers
of
New Materials

第12章

活性物质——涌现于交叉科学的新方向

张何朋　施夏清　杨明成

12.1 大自然中的集体行为

自然界中的很多生物表现出了形态各异的集体行为，例如成群迁移的角马、集体飞行的鸟群和结队巡游的鱼群等[1-3]。摄影师 Daniel Biber 在2016年拍摄到了图12-1（a）中的照片：成千上万只欧椋鸟高速而同步地飞行，夕阳下像云彩一样在空中幻化成了一个巨鸟的图案[4]。无独有偶，类似的集体运动也发生在生命世界的极小端：图12-1（c）中智能和感官能力十分有限的细菌也能借助简单的碰撞和流体力学作用形成有序的运动[5,6]。生命系统之外，物理学家还构造了人造系统探究集体运动的形成机制，例如Dauchot等利用振动的平台驱动厘米尺度的颗粒产生水平运动，颗粒之间的非弹性碰撞使碰撞后粒子对的相对速度降低，引入速度关联，产生图12-1（b）中的集体运动[7]。

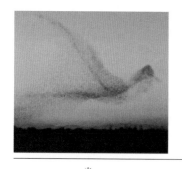
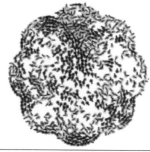
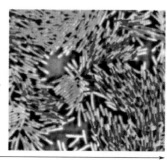

米	厘米	微米

(a) 集体运动的欧椋鸟 自组织成巨鸟图案 　(b) 驱动的颗粒产生的集体运动〔黑色小箭头为颗粒的瞬时速度，颜色代表局域速度的对齐程度(红色表示对齐程度高)〕[7] 　(c) 细菌在琼脂表面形成集体运动，(箭头表示细菌的运动速度，相邻的同向箭头标为同一种颜色)[5]

图12-1 自然界中的集体行为

虽然所涉及的个体在空间尺寸、感知能力和驱动方式上有巨大的差异，但是上述系统表现出的集体运动有很多共性，吸引了来自多个领域的科学家的注意。近30年的实验、理论和模型研究表明，众多的集体运动可以通过活性物质的理论框架来理解。活性物质由具有自驱动能力的个体构成，个体（如鸟、细胞、分子机器等）通过消耗自身或环境储备的自由能实现自驱动。这种个体尺度的自驱动在微观层面上打破了细致平衡，使系统形成丰富的非平衡相态；动力学上，自驱动个体之间的相互作用可以将能量从微观尺度输运到宏观尺度，产生多尺度的动力学时空结构。活性物质研究利用和拓展现有的非平衡统计物理理论，探索个体尺度的能量输入转化为宏观尺度有序结构和运动的机制，同时推动生命[8]、医药[9]和工程[10]领域的相关工作。因此，活性物质研究一方面有望回答重要基本理论问题，同时也有众多实际的应用前景，是一个跨学科的前沿研究方向，备受来自物理、生物、化学和工程等领域的科学家的关注。

12.2 运动学时间可逆性和微尺度活性个体的驱动机制

　　理解活性个体自驱动的力学机制往往是研究活性物质的第一步。以存在于流体（空气或水）环境中的活性物质（如鸟、鱼、运动微生物等）为例，活性个体通过和流体环境相互作用获得驱动力。然而不同系统产生驱动的力学机制却可能大相径庭[11]，例如宏观尺度的鸟和鱼可以通过周期性摆动翅膀和鱼鳍获得驱动力，而微观尺度的细菌却是通过旋转螺旋形的鞭毛前进[12]。这些驱动方式的不同可以通过流体力学效应理解。流体运动由纳维-斯托克斯方程描述，该方程中惯性项和黏滞项的比值定义了一个名为雷诺数的无量纲数，它的定义为 $Re=UL/v$，式中，U 为流速，m/s；L 为活性个体的尺寸，m；v 为运动黏度，m²/s，室温下水的运动黏度 $v \approx 1 \times 10^{-6}$ m²/s。我们先考虑一个宏观生物：一条体长10cm的鱼，以10cm/s速度游动时，雷诺数 Re 为10000，此时惯性力主导流体运动，并帮助周期摆动的鱼鳍产生驱动力。下面我们再考虑一个10μm长的微生物以10μm/s的速度运动，此时雷诺数 $Re=0.0001$，这个区间流体黏滞力占主导，纳维-斯托克斯方程中的时间导数可忽略，变成不含时间的斯托克斯方程，表现出运动学时间可逆性。图12-2（a）中的实验是对时间可逆性的生动展示：转动的内筒和静止的外筒在黏滞流体中产生一个剪切流场，拉伸3滴紫色染料，使之颜色变淡；之后内筒反转，稀释的染料渐渐汇聚，最终神奇地出现在初始的位置。这说明当内筒运动回到初始位置后，系统其他性质也恢复原状[13]。基于时间可逆性的考虑，珀塞尔提出了一个有趣的"扇贝定理"[14]。图12-2（b）中厘米尺度的扇贝利用在水中缓慢张开贝壳之后迅速合拢产生的冲击力游动[15]。然而如果我们把扇贝缩小到微米量级，这种方式就不能产生驱动力了：贝壳张开和闭拢的形变过程在时间上是对称的，贝壳张开时会前进，但闭拢时相反的力会让它回到原位，类似于图12-2（a）中的染料。根据同样的原理，我们也可以理解周期性摆动鱼鳍无法在低雷诺数环境下驱动。

　　为了在低雷诺数环境下游动，微生物需要一个时间反演非对称的驱动方式来摆脱"扇贝定理"的束缚[16]。行波是微生物最常使用的方法：图12-2（c）中精子鞭毛在分子马达的驱动下有规则地弯曲，产生了一个从身体传向鞭毛尾端的行波式形变，从而产生一个与波的传播方向相反的流体力，驱动精子的运动[17]。这种细长型鞭毛配合行波驱动的方式在微生物中很常见[18]：图12-2（d）中的细菌转动螺旋形的刚性鞭毛，产生一个向尾部传播的形变波，打破对称性[19]。运动的细菌能在周围流体中产生流场，流场各向异性，随着距离的平方衰减，如图12-2（e）所示。通过这样的流场，细菌之间可以相互作用，改变彼此的身体取向和运动速度[20]。

(a) 低雷诺数流体中时间可逆性的实验展示［黏性液体在内外圆筒之间，初始(T = 0s)有3滴紫色染料，
在内筒转动产生的剪切流中染料被拉伸、被稀释到T = 20s，之后内筒反转到初始位置，
染料也随之回到初始位置(T = 40s)］[13]

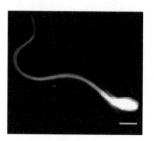

(b) 扇贝使用的时间　　(c) 运动精子的照片[17]　　(d) 运动细菌的荧光照片[19]　　(e) 细菌周围的流场(颜色对应
可逆位型变化[15]　　　　　　　　　　　　　　　　　　　　　　　　　　　　　速度大小，线条对应流线)[20]

图12-2　运动学时间可逆性

12.3 活性物质的相变

活性物质作为一类物质体系，必然具有丰富的物质相态结构。当大量具有相互作用的活性粒子形成多体系统时，活性物质体系不但可能呈现一般平衡态物质常有的相变行为，同时在这类系统中通过集体模式的非线性相互作用，可以激发出更为丰富的宏观动力学结构。这些丰富的相态及与之伴随的集体动力学，正是活性物质物理的魅力所在。

12.3.1 活性物质中的二维长程序

1995年，T.Vicsek等试图考虑一类非平衡体系的相变行为[21]。类比于平衡态的XY模型，同时受到生物体系群体行为的启发，模型中的自旋指向除了代表极化方向，同时还被赋予粒子运动的速度方向，相互作用则采用简单的局域速度对齐。由于粒子在二维平面内迁移，它们的位置不断变化，在不同的噪声条件下，展现出极为不同的动力学行为。受相变临界行为的启发，T. Vicsek等计算了系统的极化序参量，并通过一系列的标度分析，确认系统中存在一类新型的有序 - 无序相变，体系在相变点遵守一定的标度率[21]。然而，由于当时计算速度的限制，他们模拟的体系大小离系统的热力学极限行为的标度区间似乎还差得很远。之后，H. Chate 等的一系列工作表明，体系在相变点附近的转变并非一般的连续相变，转变点附近的有序态出现条带状相分离结构，极化序参量出现不连续跳变[22]。

事实上 Vicsek 模型中的有序态在二维情况下展现出了平衡态不可能实现的长程序，虽然在他们1995年的论文中并没有提及这个重要的结果[23]，但通过 J.Toner 和涂豫海对序参量场流体动力学方程的动力学重整化群的理论分析，这一行为很快得以证实[24]。对于平衡态体系，1966年 Mermin-Wagner 定理指出具有连续旋转对称性的体系在二维情况下是不可能存在长程序的，这在数学上可以被严格证明。而20世纪70年代的 Berezinskii-Kosterlitz-Thouless（BKT）理论则指出这样的体系可以存在序参量关联函数呈幂指数衰减的准长程序，在热力学极限下有序态的序参量依然趋于 0。对于 Vicsek 模型这样的自驱动体系，个体的自驱动行为显然破坏了平衡态条件，Mermin-Wagner 定理的前提就不能成立。物理上的关键在于极化序参量场对应的自驱动速度场必然导致非线性的对流项，这一对流项的作用不仅揭示了该体系与平衡态宏观流体动力学的本质区别，并且起到了直接稳定长程序的作用[25]。

T. Vicsek、J. Toner 和涂豫海对自驱动体系的研究堪称活性物质研究的奠基性工作（三人一起被授予了2020年度的昂萨格奖），不论是 Vicsek 模型，还是流体动力学理论都对后续的工作具有非常重要的启发意义[2,25-27]。这类非平衡体系相变中依然可能存在普适性的理念，使物理学家乐于尝试新的模型去描述带有普遍意义的活性物质体系。

12.3.2 活性物质的对称性分类及相态

类比于软物质体系中通过相互作用取向对称性划分为极化液晶、向列型液晶，在活性物质体系通过增加自驱动取向，我们可以简单划分出四类活性物质的对称类型（图12-3）[2,26]。图12-3中粒子的轮廓代表相互作用的类型，而箭头代表某个时刻可能的运动方向。

所有这些类型的模型都有一个特点，即运动方向和极化方向存在极其紧密的关系。即使对于图12-3中的双向箭头，粒子的运动主要也是沿着轴向扩散，而不是侧向运动。由此可见，在这类活性物质体系，局部集体运动和系统的取向场紧密相关。同时粒子的运动必然带来密度场的演化，而密度的高低又将直接决定局部的有序度。这导致在描述系统的宏观流体动力学方程中，密度场和序参量场有紧密的耦合关系，在很多情况下，这会诱发均匀有序态的长波失稳。

在相变点附近，体系的有序度对密度有非常敏感的依赖关系，导致均匀有序态最容易在相变点附近发生失稳[28,29]。正是这一机制导致 Vicsek 模型在有序 - 无序

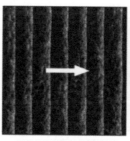

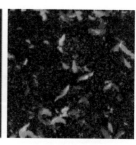

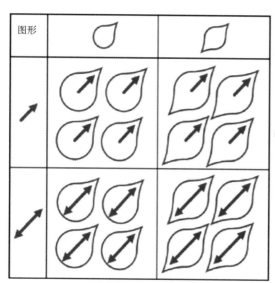

(b) 经典Vicsek模型中在相变
点附近出现的条带状结构
(颜色变化代表密度，蓝色
为低密度低有序度区域，黄
色为高密度高有序度区域，
白色箭头代表全局运动方向[26])

(c) 自驱动棒状粒子模型中
出现的极化集团结构
(颜色变化代表驱动
方向变化[33])

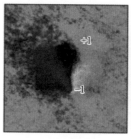

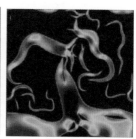

(a) 根据粒子相互作用对称性及轴向运动方式分类的
二维活性物质示意图(上排蓝色符号代表相互
作用对称性，左排红色箭头代表运动方式，
双向箭头代表驱动方向可发生自发反转)

(d) 随机晃动的极化粒子有
序态中缺陷对演化导致
的+1缺陷方向的密度空洞，
破坏了序参量场的局部有序性
(颜色变化代表空间取向变化[34])

(e) 活性向列型体系有序—
无序转变点附近的时空
混沌演化(颜色代表密度
变化[29,31])

图12-3　二维活性物质及相对应的系统中可能出现的演化图案

转变区间形成类似于近晶相的条带结构［图12-3（b）］[22,28]，而在活性向列型［图12-3（e）］和自驱动棒状粒子体系［图12-3（c）］，则呈现出条带结构或拓扑缺陷的时空混沌动力学结构[29-33]。这些非线性动力学结构直接破坏了体系在相变点附近的临界性[22,30]。从这方面看，轴向随机晃动的极化粒子是一个例外［图12-3（d）］，模拟和对体系流体动力学方程的分析都表明，这个体系在相变点附近的均匀态可以是稳定的[34]，正是这一特性使该系统成为四类模型中唯一可以研究相变临界行为特性的活性物质体系。

12.3.3　活性布朗粒子的气液相分离

描述上述活性物质体系大尺度行为的序参量场应该是一个矢量场或张量场，在数学上是比较复杂的，一般需要多个相互耦合的流体动力学方程才能刻画其热力学极限行为。由于自驱动粒子本身的驱动方向是一个矢量，这种复杂性似乎是无法避免的。如果我们考虑自驱动的球形颗粒，相互作用只存在排斥效应，那么在长时间上看自驱动效应由于角度的旋转扩散只能贡献一个有效的粒子扩散，描述这类体系的流体动力学变量只需要一个标量场密度[35]。这就是活性物质中常被提及的活性布朗粒子（active brownian particles）[36]。

由于粒子间相互排斥，自驱动导致的有效扩散将取决于周围的粒子密度，处于局部高密度区域的粒子有效扩散会相对较慢。当体系的本体密度或体系的角度pectlet数（以粒子直径为单位长度约化的自驱动速度和角度扩散的比值）到达一定阈值时，系统会产生自发的相分离。值得注意的是，这里发生相分离的体系中粒子间只存在排斥相互作用，这在平衡态下是不可能的。这一现象可以被认为是一种运动诱导的相分离[36-39]。

对这种特殊的活性布朗粒子体系的相分离行为的研究涉及多个重要的问题，例如体系中气液界面表面张力的正负号问题[40-42]、相分离的生长动力学慢化[43]以及相分离临界点的普适类[44,45]等。描述这些问题的关键是找到准确的描述体系大尺度行为的流体动力学方程。目前已经发现，有别于平衡态的相分离理论，流体动力学方程中必须引入高阶的非线性项[46]。这些项的存在来源于自驱动效应，与粒子间的排斥作用以及粒子间的空间关联有关，并且不能通过有效的自由能泛函得到。这对定义体系的表面张力等热力学量造成了困难。即使在高密度液相，大尺度的模拟计算表明体系中会自发产生气泡[47]，并具有自组织临界性[43]。有序相的奇异性能否影响和改变体系相分离临界点的普适类，目前尚待观察，理解这类体系的相分离本质可能尚需时间。

12.3.4　活性湍流及缺陷运动行为

如果我们考虑自驱动粒子处于流体之中，那么它们的自驱动行为必然导致流体的运动。在自驱动粒子和流体的混合体系的本体相中，任何内部作用必然遵守动量守恒，这导致粒子的自驱动运动对流体施加的作用从远距离看是一对力偶[27]。大量取向有序自驱动粒子的驱动行为，通过这些力偶叠加，只要粒子排列不是完美对齐，就会导致流体在大尺度上产生流动［图12-4（a）］。而自驱动粒子本身就在流体之中，其平动和转动都将受制于流场的强度及局部的涡度和应变[48]。这对粒子取向的作用形成一套正反馈的机制，导致高密度有序态也会发生时空失稳[49]。这在高密度的活性向列相中非常明显，形成所谓的活性湍流[6]。事实上即使没有直接的流体相互作用，如果高密度时粒子迁移导致的挤压和排斥对粒子的取向有直接的作用，有序态也会发生类似的失稳[32,50,51]。

在高密度下，粒子局部排列非常整齐，长波失稳的结果是激发体系对称性允许的拓扑缺陷［图12-4（a）］。向列相对称性下，拓扑荷为1/2的缺陷具有极化，缺陷周围的应力场无法平衡，缺陷会发生轴向的迁移［图12-4（b）、（c）］。迁移取决于应力场的前后分布，+1/2可以具有沿鼻子方向向前或向后的定向迁移[8,32,50-54]。这与平衡态体系极为不同，在平衡态下，体系内部并不会自发产生这样的应力梯度来驱

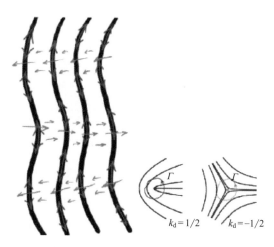

(a) 粒子流动和取向场的反馈机制诱发的失稳行为，激发的典型拓扑荷为 $k_d = \pm 1/2$ 的拓扑缺陷对
(黑线代表局部取向，红色箭头代表力偶，蓝色箭头代表流场大小和方向)

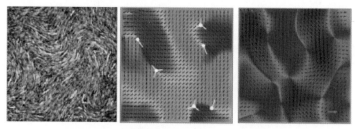

(b) 长细菌体系的活性湍流及缺陷动力学与缺陷周围的流场
(颜色变化代表空间取向变化[48])

(c) 高密度棒状驱动颗粒体系的拓扑缺陷及缺陷周围的
粒子流分布(颜色代表粒子流强度[32])

图12-4　活性向列型液晶中的长波失稳及激发的拓扑缺陷

动缺陷运动。在三维情况下，缺陷行为更为丰富。这些二维情况下的点缺陷可以受限在液滴界面[54]，也可在三维形成线缺陷，并且连接成环状结构[55]。缺陷的激发和湮灭对应于环形膨胀和收缩，相关的理论研究极为活跃。

　　其他可能对活性物质体系相变普适类带来本质影响的因素包括粒子及自驱动的手性、界面动量损耗以及淬火无序带来的影响等[56,57]。目前相关的研究非常广泛，限于篇幅，我们在此不再一一介绍。从上面可以看出，对活性物质相变及动力学的研究，是我们认识非平衡临界行为的有力工具，对于推动物理普适性观念在非平衡体系的发展具有极其重要的意义。

12.4　活性物质的热力学

活性物质是典型的复杂多体系统，研究它的宏观物性是该领域的一个重要方向。由于在单粒子层面上打破了细致平衡条件，活性物质处于固有的非平衡态，具有新奇的宏观热力学性质。特别是近年来的研究表明，熟知的平衡态热力学概念和关系并不完全适用于活性物质体系，经常导致反直觉的现象。

首先从温度这一基本的热力学概念说起。温度在微观上起源于粒子的无规则热运动，活性粒子永不停歇的自驱动运动直观上或许对应于活性物质的一个与温度类似的物理量，但是在具体引入活性物质温度的过程中却存在诸多问题。例如，活性物质是否类似于玻璃态系统存在等效温度，使用不同方法定义的等效温度是否一致？因为存在唯一的等效温度将能够极大地简化对活性物质的宏观描述，所以上述问题已经激起了大量的研究工作。最初，Cugliandolo 等通过模拟研究了一类特殊的活性体系[58]，其中自推进力以固定的频率随机地重新取向。他们发现通过涨落耗散关系定义的等效温度，与通过非活性示踪粒子平均动能定义的有效温度在通常情况下并不相同。但是，如果示踪粒子具有远大于活性粒子的质量（主要感受系统的慢动力学），那么两种等效温度具有相同的数值。这表明在长时间尺度（结构弛豫时间）上，此类活性系统确实可以定义一个明确的等效温度。该等效温度始终高于环境热浴的温度，并随着粒子的活性增强而升高。随后的自泳活性胶体实验也支持了上述模拟结果[59]。实验中分别利用活性胶体粒子在重力场中的密度分布和爱因斯坦关系来确定等效温度，如图 12-5（a）所示，两种方法所得到的等效温度相同。这些结果使我们相信活性物质存在唯一的等效温度，然而不久后的理论研究表明，不同方法定义的有效温度仅在某些参数区域才相同[60]，通常条件下并不存在唯一的等效温度。最近的模拟研究也表明，悬浮于活性流体（活性浴）之中的非活性粒子所感受的等效温度也不唯一[61]。进一步，如果把活性浴对非活性粒子的作用抽象为活性噪声，其噪声强度甚至依赖于非活性粒子所受的外界约束，这意味着活性噪声不是活性浴的固有属性，与热噪声情形本质不同。

压强是另一个重要的宏观物理量。在平衡态系统中，压强通过状态方程与系统体相的密度和温度联系起来。压强是状态量，既可以通过测量容器壁受到的压力直接得到，也可以通过系统自由能对体积的导数来确定。也就是说压强只取决于系统的体相物理量，与容器壁的物理特性无关（例如器壁与粒子间的相互作用）。然而，在通常的活性体系中，压强并不是状态量[62]，器壁所受到的压强不仅依赖系统的体相密度和温度，也依赖器壁与粒子之间相互作用的微观细节，如图 12-5（b）所示。这样一来，对于同一个活性系统，不同类型的容器壁可以感受到不同的压强。理论研究表明，只有当活性粒子之间且粒子与器壁之间不存在力矩耦合的情况下，活性系统的压强才是一个状态量[63,64]。这一理论预言也得到了活性胶体实验的支持[59]。

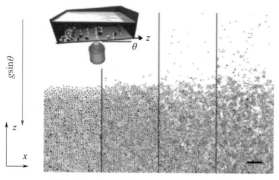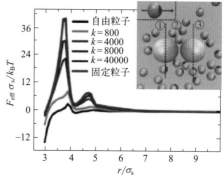

(a) 自泳活性胶体粒子在重力场中的密度分布(其中粒子的活性从左到右逐渐增加[59]，插图为实验系统示意图)

(b) 无相互作用的椭圆形活性布朗粒子在具有活塞的容器内的密度分布(其中活塞可自由移动，活塞两侧具有相同的粒子数目，活性粒子与活塞两侧表面具有不同的相互作用势[62]。活塞对右侧容器的自发压缩表明该系统缺乏状态方程)

(c) 活性耗尽力与胶体粒子间距的依赖关系[68]
(插图显示两个非活性胶体粒子悬浮于活性浴中)

图12-5　自泳活性胶体实验

除了压强，耗尽力是另一类重要的宏观力。在平衡态下，耗尽力（也称熵力）是指在由大量小粒子组成的热浴中，悬浮的大颗粒之间的一种有效吸引作用[65]。大颗粒的彼此靠近虽然压缩了其位形空间，却更多地增加了小粒子的位形空间，因此增大了系统总熵。耗尽力在软物质的自组装与相变中具有重要的作用。热浴中耗尽力既可以通过自由运动大颗粒的对关联函数确定，又可以由固定大颗粒的方案进行测量，也就是说熵力不依赖粒子所受到的外界约束，这一性质是平衡态统计物理的基本结果。目前已有大量的研究工作把耗尽力的概念推广到活性物质中[66,67]。但是，最近的研究表明，活性浴中非活性胶体粒子之间的有效力敏感地依赖于其受到的外界约束，甚至发生定性的变化[68]，如图12-5（c）所示。并且，无论粒子的对关联函数还是固定粒子的方案都不能得到正确的活性耗尽力。从微观上看，活性有效力的约束依赖性起源于胶体粒子的弛豫动力学对活性粒子空间分布的影响。该结果进一步表明活性浴中的物理概念比热浴中的复杂得多。

虽然活性体系中的等效温度并不唯一，压强并不是状态量，但是活性浴仍是一个明确的热力学体系。如何从该热力学体系中提取有用功是一个理论上有趣且实际上重要的物理问题。众所周知，热机是从热浴中提取能量的一个有效方案，它通常工作在两个不同热源之间，其效率取决于这两个热源的温差。人们甚至已经把宏观斯特林热机推广到了介观尺度，其中工作物质为受限于光镊中的单个胶体粒子[69]。通过周期性改变溶液温度和光镊的约束强度（对应于体积变化），可以实现介观的斯特林循环，从而从热浴中提取能量。近年来，人们已经把这样的胶体热机推广到了活性浴（细菌溶液）中[70,71]，通过周期性调节活性粒子的活性来改变活性浴的等效温度，进而模拟斯特林循环中温度的周期变化，如图 12-6（a）所示。研究表明，活性斯特林热机的效率甚至能超过平衡态斯特林热机的最大效率。此外，活性物质的固有非平衡特性为设计新型热机打开了大门。研究人员基于具有取向耦合的活性粒子，甚至仅通过调控系统边界墙的属性就可以提取有用功[72]，如图 12-6（b）所示。这种新型的活性热机只需与单一热源耦合，与通常的斯特林型热机和卡诺类型热机本质不同。除热机之外，非对称棘轮器件是另一种从活性浴中提取能量的有效方案。例如，图 12-6（c）中悬浮于细菌溶液中的非对称微齿轮可以自发地单向转动[73]，再如，图 12-6（d）中由几何各向异性障碍物所形成的栅栏能够诱导活性粒子的自发单向流动[74]。这样的自发单向运动在平衡态热浴中是不能发生的，否则就违反了热力学第二定律。因为活性浴天然地破缺了时间反演对称性，所以为能量的利用、运动的操控提供了广阔的新天地。

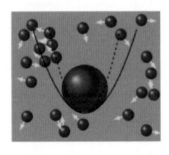

(a) 活性胶体斯特林热机(其中非活性胶体粒子处于简谐势阱之中[71]。通过改变活性来调节活性浴的等效温度，通过改变简谐势的约束强度来调节胶体粒子位形空间的体积)

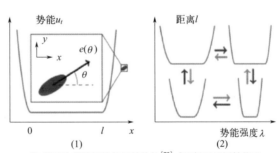

(b) 基于边界墙操控的活性热机[72] [(1)椭圆形活性粒子被限制在两个平行墙之间，两墙之间的距离为l，粒子与墙之间的势能强度为λ。(2)通过体积和势能强度的循环提取有用功)]

(c) 悬浮于细菌溶液中的非对称微齿轮自发地单向转动[73]

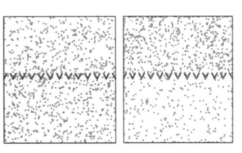

(d) 由非对称障碍物所组成的栅栏可以导致细菌自发的单向流动[74]

图12-6　从活性浴中提取能量

除了试图把宏观热力学的概念推广到活性物质中，一个更加宏大的目标是为活性体系建立一套非平衡的热力学理论。随机热力学理论把热力学系统的标准概念，例如功、热、熵，推广到系统轨迹的层面[75]。通过直接分析系统的演化轨迹，随机热力学取得了诸多重要结果，如涨落关系等。因为随机热力学无须预先定义宏观的状态函数，这使它成为一个用以构建活性体系热力学理论的理想框架。近年来，把随机热力学理论从非活性体系推广到活性物质体系，已经吸引了人们极大的兴趣[76,77]，并取得了许多重要结果。例如，目前的理论已经可以具体量化活性物质偏离平衡态的程度；已经建立了不可逆性、熵产生与能量耗散之间的关系，并在活性物质中提出了不同形式的涨落定理。目前这些结果已经被用来优化活性热机的性能与效率[78]。为活性物质建立一套完整的热力学理论依然还有大量的问题亟待解决，但随机热力学为我们提供了一个合适的出发点。

12.5　活性物质的拓扑边缘态

拓扑学研究的是几何图形在连续形变下保持不变的性质。在20世纪80年代，人们逐渐发现拓扑学为研究凝聚态中的基本物理问题提供了一个强有力的框架。该框架为以序参量和对称性破缺为基础的传统凝聚态物理方法提供了十分重要的补充和全新的视角。通过研究凝聚态物质能带结构的拓扑性质，人们已经发现了大量不同类型的拓扑物态，例如电子的量子霍尔态和拓扑绝缘体。非平庸的体相能带结构使拓扑物态系统具有一个非常有趣的现象，即系统的体相是绝缘的，而边界处是导电的。这些导电的边缘模式受到能带拓扑性的保护，可以沿系统边界单向、鲁棒地传输，不受无序及缺陷的影响。因此，拓扑边缘态为信息及物质的输运提供了十分鲁棒的通道。目前，拓扑物态的概念已经从微观的电子系统推广到了介观的光子系统和宏观的声学系统。

受到对非活性体系拓扑物态研究的启发，人们已经开始寻找活性物质体系中的拓扑边缘态。与非活性系统中经常需要施加外磁场或外界驱动相比，活性以及其导致的自发流动使活性物质天然地破缺了时间反演对称性，因此允许活性物质的体能带结构具有非零的陈数（chern numbers，一个描述系统拓扑性质的离散拓扑不变量），这对活性物质产生拓扑边缘态是至关重要的。此外，由于活性粒子源源不断的能量注入，才有可能使在活性物质这一通常过阻尼的环境中出现持续传输的声波和粒子流。

基于前面的物理特性，研究人员近年来发现当极性活性流体（如细菌溶液）被约束在具有周期结构的微流通道内时，它会形成逆时针涡旋与顺时针涡旋交替的流场结构，如图12-7（a）所示。通过求解活性流体密度波的色散关系，表明该系统在

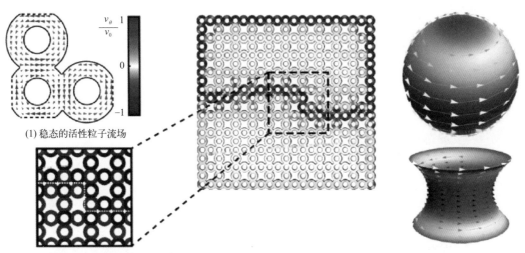

(1) 稳态的活性粒子流场

(2) 边界或分界面处传播的密度波(声波)

(a) 被约束在周期结构微流通道内的极性活性流体的拓扑边缘态[79]
(其中的周期单胞为 Lieb 格子)

(b) 极性活性流体在两种弯曲的基底上所形成的拓扑保护的边缘声模[80]
(其中曲面基底的赤道对应于系统的边界，箭头对应于活性流体的流场或极化方向，颜色表示活性粒子的密度，红色为高密度区域)

图 12-7　极性活性流体的拓扑边缘态和边缘声模

边界处可以出现单向传播的拓扑声模[79]。这样的拓扑边缘态对应于陈绝缘体在非平衡流体中的一种经典实现。作为周期受限微流通道的替代方案，极性活性流体所处环境的基底曲率提供了另一种可能的途径来实现活性流体中的拓扑边缘态[80]。例如在球形表面的基底上，非受限的极性活性流体以手性方式自发地平行于赤道流动，如图 12-7（b）所示。研究显示赤道两侧的半球具有不同的拓扑性质，从而赤道线可以作为该系统无能隙的分界面。因此，球面上极性活性流体中的长波密度波能够在赤道线附近沿着赤道单向地传播。此类拓扑边缘态现象存在于高斯曲率非零的任意弯曲基底上。

　　除了沿着边界传输的拓扑密度波，活性物质也可产生拓扑保护的边缘粒子流。近年来的理论、模拟及实验已经显示由活性转子所组成的手性活性流体在受限的环境中，可以展现出自发的、单向的边缘流[81,82]，边缘流的方向由活性转子的转动方向决定，如图 12-8（a）所示。研究人员进一步发现，手性活性流体所遵守的运动方程能够映射到具有非平庸拓扑能带结构的量子模型系统上[83]，因而直接证明了手性活性流体的边缘流是拓扑保护的，如图 12-8（b）所示。手性活性流体的边缘流不仅输运活性粒子自身，甚至在耗尽力的帮助下，能够对悬浮于其中的非活性货物进行拓扑保护的边缘输运[84]，其中货物沿着系统边界单向、鲁棒地输运，并可以无散射地绕过障碍物，如图 12-8（c）所示。目前，探索活性物质中新颖的拓扑物态并开发其在信息与物质传输方面的实际应用是该领域的一个研究热点。

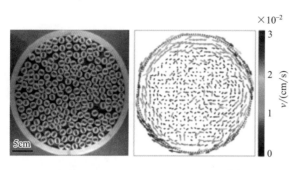
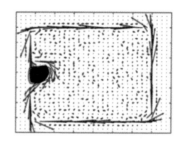

(a) 活性转子系统及稳态的边界流场分布[81]

(b) 当系统边界存在障碍物时，活性转子的
边缘流能够单向、不受散射地绕过障碍物[83]

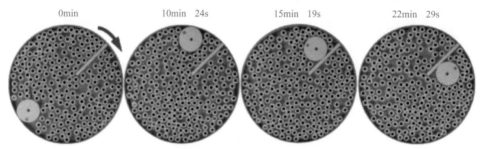

(c) 在耗尽力的作用下，手性活性流体的边缘流可以对悬浮的非活性货物进行拓扑保护的边界输运[84]
[其中非活性货物(大颗粒)可以单向、鲁棒地绕过边界处的障碍物]

图12-8 活性转子系统与边缘流

讨论和展望

　　从前面的讨论我们可以看到，在活性物质中运动个体尺度的能量输入将系统驱离平衡态，产生丰富的多尺度集体行为和新奇的宏观物性。限于篇幅，有不少重要研究进展不能在本节中做详细讨论。例如，研究人员发现细菌[6]和微管－马达[85]系统中都存在着尺寸远大于活性个体尺寸的流场结构，呈现出类似于宏观湍流的多尺度幂律标度律；生物和人工活性物质能对环境中的信号做出响应，在物质浓度场[86]、光场[87]、流场[88]中表现出丰富的趋向运动行为；活性个体之间可以存在非互易等效作用，打破牛顿第三定律，引发一系列的新颖动力学相[89]。这些研究充分说明活性物质系统是实验上发现非平衡自组织现象的沃土，而这些层出不穷的实验发现也为非平衡态理论研究提供了前所未有的机遇和挑战。

　　针对活性物质的研究还吸引了其他领域科学家的关注，其影响已经超出了物理学的范畴。例如，针对细胞运动的研究揭示了拓扑缺陷在生物发育方面的意义[8]；鸟群中的集体迁徙机制启发了无人机的集体控制算法[10]；活性个体在微纳尺度的感知和运动能力为实现主动药物输运和精准诊疗提供了可能[9]；活性物质的理论研究产生出多个新型方程，吸引了一些数学家的关注[90]。这些工作赋予了活性物质研究多学科交叉的特征，揭示了活性物质在实际应用方面的多种可能。

参考文献

参考文献

Approaching Frontiers
of
New Materials

第 13 章

超导材料

罗会仟

超导材料，即具有超导电性的材料。所谓超导就是"超级"+"导电"。1911年，荷兰莱顿大学的卡末林·昂尼斯发现，金属汞在降温到4.2K时，电阻会从有限值突然消失，超出仪器的测量精度了，他就把这个现象叫作"超导"。这个发现在1913年获得了诺贝尔奖。

13.1 超导材料的特点

超导材料最重要的一个特点是，它的电阻是零，而且是绝对的零电阻。常规金属材料，例如铜、铝、金、银、铂等都是导电特别好的金属，它们的电阻率大概是$10^{-8}\Omega\cdot m$的量级。而超导材料的电阻率至少低于$10^{-18}\Omega\cdot m$。如果能制造出一个特别小的超导环，里面只通1A的电流，如此小的电流也需要大概1000亿年才能衰减到0，所以它的电阻可以认为是绝对的零。

电生磁、磁生电，电磁总是在一起的，这是我们初中就学过的知识。因此除零电阻现象之外，超导材料还会产生特殊的磁现象。1993年，迈斯纳发现它有一个特别神奇的磁性质，即当超导材料降到足够低的温度时，它会排斥外磁场，就像图13-1的小黑块，图中的线条可以理解为磁通线，进入低温超导状态后，磁通线会绕着小黑块（超导材料）走，也就是说，超导材料内部的磁感应强度也是零，这个现象叫作完全抗磁性。

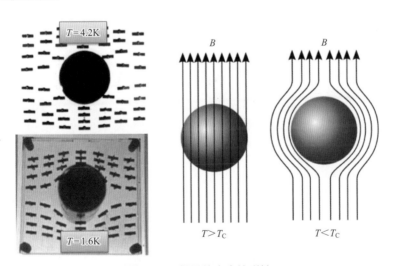

图13-1 超导的完全抗磁性

此外，超导还与热力学相关。超导是一种热力学相变，是一种宏观的量子凝聚态。简单来说，材料内部的电子在微观层面会成对，形成一对对的电子对。这些电子对在低温情况下会抱团，凝聚到特别稳定的状态，这个状态就叫作量子凝聚态。

假设电子像一个单翅膀的蜜蜂，一只蜜蜂有左翅膀，另一只有右翅膀，单只是飞不起来的。但是，如果有左翅膀的蜜蜂和有右翅膀的蜜蜂抱成了一对，向同一个方向飞，就可以飞起来，形成没有阻碍的电子对运动，这就是超导基本的微观物理图像，如图13-2所示。

图13-2　超导基本的微观物理图像｜李政道授意、华君武漫画（孙静重绘）

有了超导的基本微观物理图像后，可以实现很多神奇的现象。在电影《阿凡达》中有一座悬浮在天空中的大山，之所以可以悬浮是因为山里贮藏着神奇的矿石，这些矿石就是室温超导矿石，这种悬浮就是超导磁悬浮（图13-3），不需要科幻，在现实中就可以实现。

进一步说，如果做一个永磁铁或电磁铁的轨道，我们就可以把超导的小块悬浮起来。甚至也可以安装一个机关，控制这些悬浮小块的运动速度，来一场"超导追逐赛"。

超导材料并不罕见，事实上它们很常见。从1911年发现超导材料至今，100多年的历史，至少发现了一万多种超导材料，元素周期表中有很多都是超导材料。而整个人类历史上发现的无机化合物大概也就几十万种。我们更关心的是，这么多不同种类的超导材料是否能为人类所用。不同材料的参数不一样，所以我们希望超导材料的超导温度不要像金属汞那么低，希望它能尽量高一点，这样可以节省降温成本和难度，才能实现大规模应用。

图13-3　超导磁悬浮

13.2 "高温"到底有多高

但是很遗憾，目前已知的绝大部分超导体的超导温度都是低于40K的。40K是常规超导温度的理论上限，但科学家仍孜孜不倦地探索，寻找新的超导材料来突破极限。目前找到的两个家族的超导材料，主要是铜氧化物和铁基超导体，它们的超导温度是可以超过40K的，因此被叫作高温超导材料，它们也属于非常规超导材料。

"高温"到底有多高？其实也没有很高，铜氧化物最高的超导温度是135K，相当于−138℃，铁基超导块体的最高超导温度是55K，相当于−218℃，温度都是非常低的，而这就意味着，更低温的常规超导想要在现实世界中大规模应用，需要消耗很多能量去给超导材料降温，这将产生很大的成本。因此，高温超导材料是非常重要的。

1986年，第一类高温超导材料——铜氧化物被瑞士IBM公司的两个员工发现，他们观察到铜氧化物的超导可以达到临界温度35K的高温。这两人因此获得了1987年诺贝尔物理学奖。1987年，赵忠贤、朱经武和吴茂昆独立地发现了在镧钡铜氧材料里面换一种元素钇，它的超导温度可以达到93K，突破了液氮温区，意味着这种材料利用液氮制冷就可以用，制冷的成本和难度都大幅降低。

2008年，中国在铁基超导研究领域也做出了非常重要的贡献，发现了很多铁基高温超导材料，图13-4中每一个小红点都表示中国人做出的贡献。不仅如此，很多

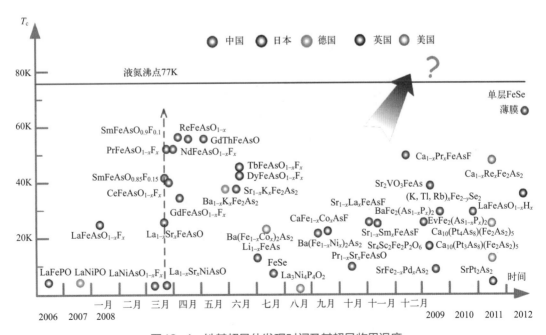

图13-4　铁基超导体发现时间及其超导临界温度

铁基超导的物理方面的研究也是由中国人首先开展的。当时 *Science* 期刊也重点报道过，新超导体把中国物理学家推向了世界最前沿。

13.3　超导材料的制备

研究高温超导很前沿，也很难。还好，有一个简单的第一步——烧炉子。对于我们做超导材料研究的人来说，首先要学会"炒菜"，把各种元素混在一起，形成想要的化合物。为确保得到想要的化合物，需要借助不同的炉子，例如，箱式电炉、管式电炉、立式电炉，还有更复杂的提拉炉、布里奇曼炉等。这些炉子五花八门，参数不一，不同的材料采用不同的炉子。

我们常用一个炉子叫作移动光学浮区炉（图13-5），这是一种高级的炉子，需要用光加热。移动光学浮区炉有一个反射镜，反射镜上方有一个灯泡，把光聚焦在容器里原材料的某个点上，这一点的温度会变得很高，可以熔化原材料，再缓慢地移动，熔化的材料就会降温结晶。

图13-5　移动光学浮区炉

这个过程看似简单，却很漫长。因为不同的超导材料的生长速度不同，有些晶体（即超导材料）需要整整一个月的时间才能长出来，如图13-6所示。这段时间，我们需要每天24h监控它的状态，因为需要随时调整参数，这样才能长出我们想要的样子来。万一哪个参数不对，晶体生长就有可能停止，更严重的情况，还有可能发生危险。这就是做超导研究的第一步，通过烧炉子获得实验样品。

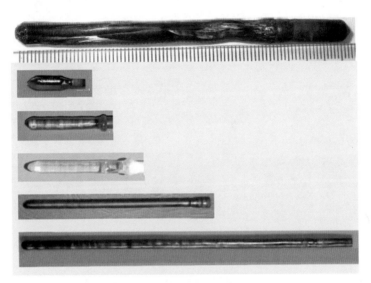

图13-6　一根根棒子就是长出来的晶体

13.4　超导材料的机理研究

对于高温超导体来说，有两个非常重要的相互作用：第一是电的相互作用；第二就是磁性相互作用。它们两者合并在一起产生了超导这个现象。就像冰箱里塞了一头猛犸象和一头大象，超导相当于两个庞然大物脚下的一只小老鼠。这个超导虽小，但却很厉害，凭小老鼠的力量就能将冰箱门关上。高温超导机理研究的就是小老鼠关门这一个过程是怎样实现的，也就是说，在材料里面，电和磁的相互作用是怎样实现超导的。

超导机理研究的一种重要实验手段叫作中子散射，就是用中子探测材料的磁性。中子散射实验对样品的需求量极大，如果常规实验测量的需求在毫米或毫克量级，那么中子散射实验需要的是厘米或克量级的样品。我们研究团队曾使用2200块样品来完成一次实验（图13-7），这也成了一项世界纪录。

中子不带电，但是有磁性，既可以轻松地穿过实验材料，又可以与材料中的磁性相互作用，是材料磁性的超级"探针"。将中子打入实验材料，可以看到材料

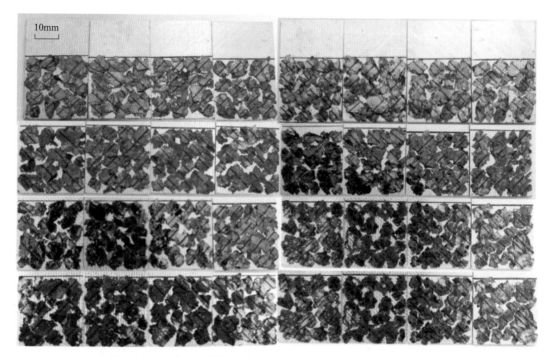

图13-7　一次中子散射实验需要的2200块样品（依次定向排列）

内部原子的分布和运动情况，也可以看到磁性的相互作用。就是将电子看成一个个小磁针，它们在空间也是有一定分布规律的，利用中子散射可以看到这个结构，同时这些小磁针是有相互作用的，它们会一起跳舞，这个过程叫作自旋波或自旋涨落。

利用中子散射全面探测材料中静态结构和动态过程，可以直接告诉我们，在所研究的材料中，电和磁的相互作用是怎样的。我们都知道超导材料进入超导状态以后，材料里面的电子会发生配对，然后再凝聚，就像前面说到的蜜蜂一样。对于非常规超导体而言，在配对的过程中，电子的磁性也会有一些奇怪的行为，它会跟这些超导电子对发生共振，形成一些特定的磁性动态行为。我们对这些动态行为进行观测，可以跟这些材料的物性相联系，便可以知道高温超导到底是怎么发生的。

高温超导研究领域出现之前，绝大多数物理学研究认为电子之间的相互作用很弱，可近似为单个电子运动。但现在科学家们发现越来越多的超导材料，它们的电子之间的相互作用很强，所以必须考虑电子之间的相互作用很强的时候，会出现什么样的现象，这也涉及多体物理学。目前没有相关的物理框架能够很好地理解这个问题，所以高温超导机理研究中的每一个发现都可能是开创性的。我们希望通过高温超导揭示多体相互作用的机制，这对于物理学来讲是具有革命性的事情。

展望

　　超导材料已经广泛应用在我们的生活中了，例如，我们去医院做核磁共振，一定对设备上的那个大圆圈印象深刻，那个大圆圈里面就是超导磁体。还有在深圳第一高楼平安大厦，给大楼供电的最后一公里电缆中就采用了超导材料。我们知道超导材料的一大优势就是零电阻，用来做电线就可以大幅减少输电过程中的损耗。

　　未来，我们还可以使用超导材料建造人工可控的核聚变反应堆，也叫作人造小太阳，如此一来可以提供清洁稳定的能源。当然，这是一个正在进行的工作，科学家还在努力中。不仅如此，在未来，我们使用的计算机甚至手机，都可能会被超导量子计算机、手机所替代，其运行速度将会实现 N 个量级的提升。

　　我们还可以进一步发挥想象，如果超导材料足够理想的话，我们甚至可能造出一台特别厉害的发动机，这个发动机几乎是永久续航的。这样一来，将这台发动机安装在核潜艇或宇宙飞船上，下海或驰骋太空的过程中就不需要返航蓄能了，可以一往无前地探索海之深、天之高，甚至寻找人类的下一个宜居家园。

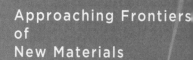

第14章

碳点——
新型纳米材料

屠焙钰　李　硕　邹国强　侯红帅　纪效波

14.1 碳点的发展过程

纳米材料因具有表面效应、小尺寸效应等独特的物理化学性质而成为当前材料领域研究的热点，在这其中，碳纳米材料成为绿色纳米技术中最具有研究活力和发展潜力的一类纳米材料，已广泛应用于能源、环境以及生物等领域，而碳点（CDs）作为一种新型碳纳米材料也受到广泛关注（图14-1）。2004年Xu等[1]的电泳分离实验中，碳点作为制备单壁碳纳米管的副产物被首次发现。2006年Sun等[2]在存在水蒸气的情况下，以氩气为载气，首次通过激光烧蚀碳靶合成了碳点，并对碳点进行表面钝化处理以改善其表面状态和荧光特性。2007年Liu等[3]第一次尝试采用自下而上的方法来制备碳点，即以蜡烛烟灰为原料合成并纯化碳点。2009年Yang等[4]首次将碳点应用于活体生物成像，研究结果表明以各种方式注入小鼠体内的碳点在体内仍具有很强的荧光，由此科学家们展开了对碳点应用的研究，开始将碳点应用于药物递送、光电催化、二次电池、食品工程等领域，碳点的研究发展迅猛。

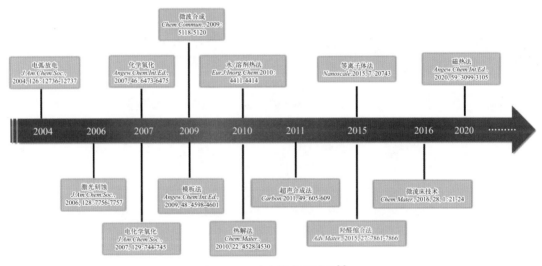

图14-1 碳点的发展过程[5]

14.2 碳点的基本概念

碳点是一种三个维度尺寸均小于10nm的零维碳纳米材料。碳点由碳质核心和表面钝化层两部分组成，根据碳质核心和附着状态可以将碳点分为四种类型：石墨烯量子点（GQDs）、碳量子点（CQDs）、碳纳米点（CNDs）和碳化聚合物点（CPDs），如图14-2所示。

石墨烯量子点是指边缘或内层缺陷上带有官能团的单层或多层石墨烯碎片，片的边缘/表面或内部由化学基团连接，包含sp^2和sp^3碳原子，具有独特的量子约束效应和边缘效应，它们是各向异性的，横向为几纳米，通常纵向尺寸明显小于横向尺寸[6]。石墨烯量子点的边缘效应会对石墨烯量子点的性质产生一定影响，例如促进石墨烯量子点的光致发光性能[7]。与传统的碳点相比，石墨烯量子点具有类似分子的特性，而不是胶体，这使其具有可调谐的光电性质[8]。

碳量子点和碳纳米点通常是表面富含官能团、直径小于10nm的球状碳纳米材料，它们表现出表面态发光和本征态发光，通过调节它们的尺寸和官能团可以实现光致发光波长的调节[5,9]，通常由小分子、聚合物或生物质通过自下而上的方法（如燃烧、热处理）组装、聚合、交联和碳化生产，一般而言，碳纳米点是带有非晶态碳核的球形碳点，而碳量子点主要是带有晶态碳核的球形碳点。

碳化聚合物点是由聚合物纳米点碳化而成，其中一些纳米点已经完全碳化，而部分聚合物链仍然存在。热解制得的碳化聚合物点一般核壳边界不明确，核心通常包含多晶纳米畴，碳核中的簇亚域具有共轭的-π或类金刚石结构[10]。碳化聚合物点是与碳化程度有关的概念，碳化聚合物点具有聚合物相容性和量子点稳定性双重特性，可以看作是连接聚合物相容性和量子点稳定性的纽带。

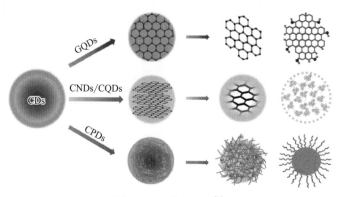

图14-2　碳点分类[5]

14.3　碳点的制备方法

碳点的制备方法多种多样，根据制备方法的不同主要可分为"自上而下"和"自下而上"两类方法。其中，"自上而下"法是指通过电弧放电、激光消蚀或电化学合成等方法将碳纳米管、石墨烯、碳纤维等大尺寸碳靶刻蚀、剥离后得到碳点。

Xu 等[1]最早通过电弧放电从烟尘中提取碳点，虽然该方法制得的碳点荧光性能较好，但是其产率较低，且粗糙的纳米管烟尘含有各种各样的杂质，纯净度较低，同时纯化过程复杂，微滤时电弧烟尘中的颗粒会迅速堵塞过滤膜的孔隙，不利于产物的收集。激光消蚀法是通过激光束对碳靶进行照射消蚀，将碳纳米颗粒从碳靶上剥落下来，从而获得碳点，Sun 等[2]首次应用此法，近年来，Cui 等[11]提出了一种"双束脉冲消融"技术［图 14-3（a）］，将单个激光束被光束分离器分成双光束，以缩短激光消蚀时间和提高消蚀率，获得的碳点比单束脉冲激光消蚀获得的碳点更均匀，具有良好的稳定性和出色的抗夹击性能，非常适合细胞生物成像，在激光消蚀过程中，局部高压和高温可直接将目标切成无残留物的微粒/纳米粒子，避免杂质的引入并消除污染，具有尺寸控制的优势，但其成本高、操作复杂，限制了大规模生产的可能性。电化学方法主要是利用碳源作为工作电极而制备的碳点，Zhou 等[12]以 0.1mol/L 高氯酸四丁基铵为支撑电解质，在乙腈脱气溶液中进行了纳米碳的电化学制备，实验中使用的多壁碳纳米管是通过化学气相沉积方法在碳纸上生长的，该电化学电池由工作电极、铂丝对电极和 $Ag/AgClO_4$ 参比电极组成。电化学法制备碳点可以通过调节电极电位和电流密度来精确地控制纳米粒子的合成，具有较好的均匀性，且对于碳源的利用率较高，但该方法中，原材料的前期处理工作烦琐耗时，后期碳点的纯化所需透析等步骤的耗时较长，且量子产率较低。因此 Ming 等[13]提出了一种简单的电化学法［图 14-3（b）］，以纯水为电解质，不添加任何化学添加剂，大规模合成高纯度和高质量的碳点，获得的碳点具有高结晶性、优异的水分散性、显著的光致发光性能（向下和向上转换）以及高可见光敏感性的光催化活性，不需要进一步纯化，这为电化学法制备碳点技术提供了更大的潜力。

一般而言，基于"自上而下"法制备碳点存在着典型的类石墨烯结构。但是"自上而下"法同时存在着过程复杂、原材料昂贵、条件苛刻等缺点，严重制约了其发展。"自下而上"法则是利用水热/溶剂热法、微波法、热解法等方法将葡萄糖、柠檬酸等小有机分子碳化进而得到碳点。水热/溶剂热法由于其方便快捷、低成本、高效和生态友好性成为最广泛使用的碳点的合成方法，这个方法一般指在高温下处理有机小分子的混合物几个小时，溶剂可为水或有机溶剂［如乙醛、N,N-二甲基甲酰胺（DMF）等］。水热/溶剂热法也是制备化学杂原子掺杂碳点的简便方法之一，在原料中加入元素掺杂物即可［图 14-3（c）］。微波法是利用微波处理有机碳源小分子得到碳点，如 Zhu 等[14]在蒸馏水中加入不同量的聚乙二醇和糖类，形成透明溶液后在 500W 微波炉中加热 2～10min，溶液从无色变成黄色，最后变成深棕色，即形成碳点［图 14-3(d)］。微波法是一种高效的方法，可以在几分钟内完成，但所得产物粒径分布不均匀，需进一步分离。热解法是一种在高温下进行的简单、省时的方法，Ma 等[15]通过柠檬酸和乙二胺在 170℃下合成碳点，转化率高，可用于大规模制备［图 14-3（e）］。尽管如此，碳点合成的产率依旧较低，笔者课题组[16,17]提出了一种基于羟醛缩合反应、低成本、大规模制备碳点的方法，实现了碳点的公斤级制备［图 14-3（f）］。随着对碳点的深入研究，研究者们提出可以结合不同方法来合成碳点，例如将模板热解合成和氧化相结合生产氮掺杂的碳点[18]，进一步扩展了碳点的合成路径［图14-3（g）］。

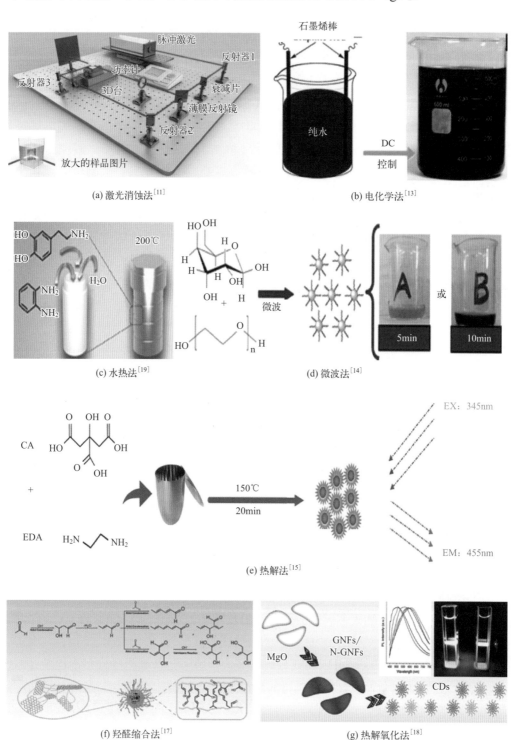

(a) 激光消蚀法[11]

(b) 电化学法[13]

(c) 水热法[19]

(d) 微波法[14]

(e) 热解法[15]

(f) 羟醛缩合法[17]

(g) 热解氧化法[18]

图14-3　碳点制备方法

14.4 碳点的性质应用

　　碳点作为新型碳纳米材料以其优异的荧光效应、良好的生物相容性、低毒性、低成本广泛应用于传感、能源材料、生物医药、光电催化等领域。

　　常见的碳点具有的光学性质包括吸收、荧光、上转换发光、化学发光和电化学发光等。碳点表面存在大量诸如氨基、羧基、羟基等官能团，因此碳点能够与待测物之间发生电荷或能量转移，诱导碳点的荧光猝灭，进而通过监测荧光信号的强弱变化实现对目标物的测定。碳点的光致发光和电化学性能让其对于外界微小的扰动十分敏感，这使碳点在传感领域的潜力巨大，并根据其传感机制的不同可生成光致发光传感器（FL）、电致发光传感器（ECL）和化学发光传感器（CL）。FL 是基于碳量子点作为荧光探针的生物传感平台，利用碳点光致发光的"turn-on""turn-off"机制以及荧光性对 pH 的响应来检测生物体或溶液中的蛋白质、氨基酸、生物小分子、金属离子及监测生物样本 pH 的波动等[20]。ECL 具有高通量、小型化、低成本和简单设置等优点（图 14-4），是一种重要的检测方法。CL 利用化学反应的能量激

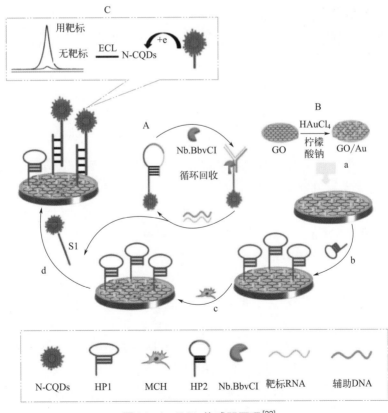

图 14-4　ECL 传感器原理[22]

发系统中共存的分子从基态到激发态产生发光的现象，碳点可以作为发光物通过直接氧化或能量转移参与反应，并作为涉及其他发光体的反应的催化剂[21]。

碳点良好的电化学性质是其应用于生物传感器、能源电池等领域的重要前提。碳点在能源领域的应用主要集中于太阳能电池、可充电二次电池、超级电容器、发光二极管四个领域。碳点因提高钙钛矿电池的能量转化效率、促进电子转移、抑制暗电流等作用在太阳能电池中广泛应用[23]。碳点还可以通过与电极材料复合以提高电极材料的电子/离子传输速率、增大电极材料的比表面积，从而改善二次电池性能，或作为形貌调控添加剂来调控电极材料形貌。除优化电极材料之外，碳点也可以用来改性二次电池的隔膜和电解液，例如笔者课题组[24]将氮硫共掺杂碳点作为共沉积添加剂引入到有机电解液中（图14-5），由于氮硫碳点表面含有众多亲锂位点，在锂离子沉积过程中锂离子将优先吸附于碳点表面，实现了锂金属电池体系中的锂离子的均匀沉积，进而抑制锂枝晶的生长。

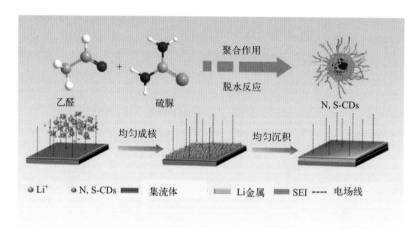

图14-5　碳点作为电解液添加剂[24]

碳点良好的生物相容性、低毒性、易于修饰等物理化学性质在生物医学领域受到极大关注，特别是在生物成像、药物载体、生物治疗、生物传感等方面均有应用，如图14-6所示。Pan等[25]应用HeLa细胞模型证明了通用钆碳点的荧光和磁共振双重响应。用0.628mg/mL钆碳点处理HeLa细胞的形态保持稳定，进一步验证了它们的生物相容性。钆碳点的亮蓝色荧光效应主要在细胞质上定位，证实了钆碳点可以穿过细胞膜屏障进入细胞内区域，结果显示钆碳点具有优异的生物相容性和极好的细胞渗透性。碳点另一个重要的应用是肿瘤成像，Li等[26]利用氮掺杂碳点（N-CDs）作为荧光探针，对有氧糖酵解过程进行成像来实现肿瘤形成的早期预警。碳点及纳米复合物有望成为药物/基因分子的传递系统，因为它们展示出非凡的承载容量，这是它们的化学稳定性和超高的比表面积带来的。在药物/基因传递过程中，药物/基因分子通过各种加载机制与碳点上的活性位点相结合，可以用于药物/基因载体、控药释放和实现监测追踪等，以此来进行个体化治疗。相较于常规治疗方法，光疗具有肿瘤治疗效果良好和副作用小等优势，因此近年来受到了医学界的广泛关注。光疗是一种非侵入性的治疗方法，可将辐照的光转换成活性氧，并借助光敏剂诱导癌细胞局部凋亡，但其光热转换效率（PCE）有限，因此 Yu 等[27] 合理设计出了碳点复合空心结构的 CuS 纳米粒子（CuSCD），提高了光热转换效率，增强了生物相容性，促进了临床癌症治疗的疗效。

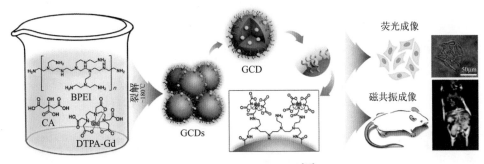

图 14-6　碳点成像应用[25]

　　碳点的催化活性是除光致发光特性外最独特的物理化学性质之一，因此碳点在光电催化领域也十分受欢迎。碳点与原始光催化剂偶联可以提高其光催化性能，扩大光吸收范围，且与其他光催化剂的改性方法如掺杂和触发空位相比，在光催化剂表面引入碳点制备过程简单且可控。光催化是一种经济实用的化学生产和污染物去除策略，它利用太阳能，在不消耗其他资源的情况下促进化学反应，无污染排放，主要的方法是提高光吸收能力、调节带隙、促进电荷载流子分离等。近年来，半导体光催化技术作为一种用于消除污染物的新兴光催化 AOP 引起了广泛关注。当受到光激发时，催化剂内部会产生成对的导带电子和带空穴，随后诱导超氧自由基（$\cdot O_2^-$）和 $HO\cdot$ 的产生，从而降解废水中的各种有机污染物。Wu 等[28] 报道了 α-FeOOH/碳点/多孔 g-C_3N_4 三元复合材料作为可见光催化处理污水的多相 photo-Fenton 催化剂（图 14-7），由于复合材料拥有独特的纳米结构，以及各组分之间存在协同作用，其表现出了优异的稳定性和通用性，同时在各种实际的污水介质中进行了系统测试以验证其实际应用潜力。氧还原反应（ORR）、析氧反应（OER）和析氢反应（HER）是化学能与电能之间重要的能量转换过程。由于成本低、化学惰

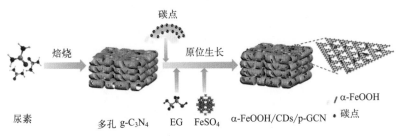

图 14-7　碳点作为光催化剂[28]

性大、比表面积大、电子迁移率高、表面缺陷多、活性位点多，碳点已成为传统铂基和Ir/Ru基电催化剂的理想替代材料[29]。对于纯碳点电催化剂，杂原子掺杂可以调节电结构和电子耦合作用，从而提高电催化性能。例如，石墨烯量子点通过控制催化剂的形貌，增强电荷转移，改善催化动力学，可以提高OER和HER性能。

除上述应用外，研究人员正在积极探索碳点在其他领域的应用，努力推动碳点从试验阶段向产业化阶段转型。目前，碳点已经在安全、润滑及膜分离技术等新兴领域取得了长足的发展[30-32]，这也进一步表明碳点的相关理论正在不断丰富完善，这有助于开发更多低成本、高产量且环保安全的碳点合成方法。随着碳点构效关系的逐步明晰，推动了碳点的工业化应用，为其带来更多商业价值。

参考文献

参考文献

第15章

有机半导体
掺杂的万水千山

张天恺　王　锋　高　峰

　　人类近现代文明生活对物质的利用，可能最值得称道的物质科学属性是导电性。经过数百年的发展，人类对电的产生、运用和操控已经到了未必是登峰造极、也可称炉火纯青的地步。这在很大程度上归功于人类对电气革命的展开。

　　众所周知，除却一些特殊的量子材料，物质可以根据其导电性大致分为三类。第一，拥有大量离域电子、导电性极好的物质，称为导体。我们常见的各种金属就属于此类。第二，几乎所有电子都被严格束缚住、导电性极差的物质，称为绝缘体，绝缘体中的电子很难移动。在导体和绝缘体之外，还有一类导电性介于两者之间的物质，即为半导体。

　　量化而言，如图15-1所示，电导率高于10^3S/cm的是导体，电导率低于10^{-8}S/cm的是绝缘体，电导率在$10^{-8}\sim10^3$S/cm之间的是半导体。随着现代电子信息技术的发展，单纯的导体和绝缘体已经不能满足日益多样化的逻辑计算和能量转换要求了。解决这个问题的一个方法便是对半导体材料导电特性的精细控制，而且这一方向正变得越来越重要。

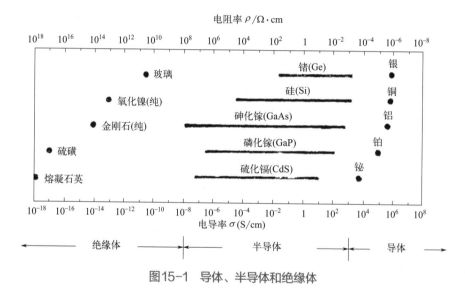

图15-1　导体、半导体和绝缘体

　　很显然，要精确调节半导体的导电特性，首先得理解导电性的决定因素是哪些。粗浅地理解，物质的导电性取决于两个因素：第一是材料中可自由移动的电子数目（也称载流子浓度）；第二是电子在材料中的迁移速率。可自由移动的电子数目越多，电子在材料中迁移速率越快，导电性就越好。电子的迁移速率也称迁移率，由材料中的原子排布方式决定，想要调节实属不易。于是另一个参数（即载流子数目）便成为我们主要攻克的方向。

　　在传统无机半导体中，调节载流子数目有一种简单可控的方案，即原子替换。我们知道，原子最外围轨道有特定数目的电子，如果用元素周期表邻近位置的原子去替换晶格中该原子，则因为这些近邻原子最外围轨道会少一个或多一个电子，于是替代的结果是整个材料体系中也会相应多出一个电子空位（也称空穴）或一个额外的电子。这里可以用最常见的半导体硅来增进理解（图15-2）：在硅材料中，每一个硅原子最外围轨道有4个电子。如果用一个硼（B）原子替代其中一个硅原子，则由于硼原子最外围轨道只有3个电子，材料整体就会多出一个弱束缚的电子空位（也就是一个空穴），这就是空穴（p）型掺杂。相应地，如果用磷（P）原子替代其中一个硅原子，由于磷原子最外围轨道有5个电子，材料整体就会多出一个弱束缚的电子，这就是电子（n）型掺杂。

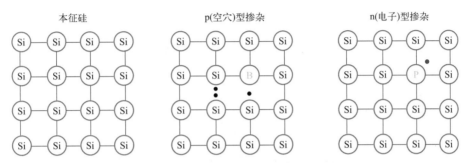

本征硅　　　　　　　　　p(空穴)型掺杂　　　　　　　　　n(电子)型掺杂

图15-2　无机半导体硅的掺杂过程

　　虽然自19世纪中后期，就陆续发现了不少半导体材料，但直到20世纪中期，人类才发展出了较为成熟的制备高纯度半导体的技术[1]。1950年，Russell Ohl 和 William Shockley 发明了离子注入工艺[2]，实现了高效可控的半导体掺杂，为调控半导体材料开创了先河。自此之后，集成电路产业迅速发展，一骑绝尘。伴随着集成电路的发展，电子革命也迅速在20世纪展开，极大地推动了人类社会的发展。

15.1　有机半导体之路

　　伴随着无机半导体集成电路迅猛发展的20世纪80年代，有机半导体也悄然兴起，并迅速实现了有机太阳能电池（OPV）[3]、有机发光二极管（OLED）[4]、有机场效应晶体管（OFET）[5]等应用。有机半导体相比传统的无机半导体而言，具有的优势包括可溶液制备、轻便可柔性、具有良好的生物兼容性。这些优势使半导体材料、器件的应用场景和性能得到进一步拓展。早期的有机半导体器件性能远低于无机半导体。不过，随着有机半导体掺杂技术的出现，有机半导体器件的性能也得到大幅提升。

　　需要特别指出的是，有机半导体并不像无机半导体那样由众多原子周期排列形成，因为有机材料多以有机分子为基本单位，排列周期性不是那么完美。如此，该如何实现类似无机半导体那样的掺杂过程呢？其实，仔细想想半导体掺杂的本质，我们就能明白，在所谓原子替换的表象之下，实质的原理是形成一些未配对的电子。既然有机半导体以有机分子为基本单位，是否可以把"原子替换"的概念进一步扩展到"分子替换"呢？

答案是肯定的。如图15-3所示，在有机半导体（我们称之为宿主分子）中，引入另一种分子（掺杂分子），但这种分子对电子的吸引力和原本的宿主分子有差异。如果这种掺杂分子更吸引电子，则电子将从宿主分子转移到掺杂分子上，在宿主分子处留下一个空穴，并在活化后成为自由空穴，这就是空穴（p）型掺杂的基本图像。相反地，如果这种掺杂分子更倾向于给出电子，那么电子将从掺杂分子转移到宿主分子上，导致宿主分子上多出一个电子，并在活化以后形成自由电子，这就是电子（n）型掺杂的大致图像[6]。当然，需要指出的是，单纯的电子转移是有机掺杂最为简单直接的方式，其他的掺杂过程还可能包含质子或氢化物（hydride）转移、宿主和掺杂分子形成新的复合物等。

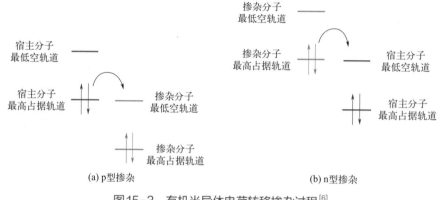

(a) p型掺杂　　　　　　　　　　　　(b) n型掺杂

图15-3　有机半导体电荷转移掺杂过程[6]

由此可知，有机半导体形成自由载流子的掺杂过程主要分为两步：第一步是宿主分子和掺杂分子之间的电荷转移。随着电荷转移过程的发生，原先的宿主分子和掺杂分子都离子化（ionization）。值得一提的是，这时离子化的宿主是一种特殊离子，即包含一个（或多个）未配对电子（或空穴）的离子，称为自由基离子。这一步虽然产生了未配对的电子（或空穴），但宿主离子和掺杂离子之间的静电相互作用会束缚该电子（或空穴）。要实现自由载流子的激活，还需要接下来的第二步，即宿主离子和掺杂离子的解离（dissociation）过程。解离之后，宿主离子之上的未配对电子（或空穴），将不再"受制于"掺杂离子的静电作用，从而成为可以自由移动的载流子。

于是，有机半导体的掺杂效率可以用如下公式表达[7]：

$$掺杂效率 = 电荷转移效率 \times 解离效率 = \frac{自由载流子浓度}{掺杂分子浓度} \qquad (15\text{-}1)$$

实际上，无机半导体掺杂过程也分为两步：第一步，掺杂原子进入无机晶格替代原先宿主原子，体系产生未配对的电子（或空穴）。这些未配对的电子（或空穴）和掺杂原子核还存在一定的相互作用。第二步，通过活化过程，这些未配对的电子（或空穴）进一步解离形成自由载流子。只不过，在无机半导体中，镶嵌在晶格中的掺杂原子受周围近邻原子相互作用，其对最外围轨道未配位电子（或空穴）的束缚能力很弱。例如，在硅中，束缚能通常只有 20 ～ 40meV，在锗中这一数值更低（10 ～ 15meV）。这个束缚能意味着室温温度便足以让这些未配对的电子（或空穴）解离形成自由载流子。但是，在有机半导体中，不仅第一步的电荷转移需要一定的活化能，第二步中掺杂离子对未配对的电子（或空穴）的束缚能更是可达到 100meV 或更高。因此，有机半导体的掺杂效率往往远低于无机半导体。这一巨大差别，导致在无机半导体中，低于 0.1% 的掺杂原子即可完成有效掺杂，而有机半导体的掺杂分子用量通常高达 10%。除此之外，有机半导体的非晶态结构、宿主和掺杂分子的复杂化学结构与空间构型、极高的掺杂分子占比，都给有机半导体掺杂过程带来种种复杂的物理化学效应。毕竟，将一个半导体替换掉 10% 后还要保持原本的物理化学性质，不是容易的事情。

15.2　光电有机半导体工程

下面介绍掺杂有机半导体在光电器件，特别是新型光伏器件中的电荷传输层的优化，包括如何实现好的掺杂半导体，使其作为电荷传输层，将光生载流子从吸光层中选择性地提取出来，并以较低损耗传导至外电路。

这里提到的新型光伏器件，就是 2009 年基于染料敏化电池概念诞生的钙钛矿电池。钙钛矿电池的基本结构由两大部分构成（图 15-4）。

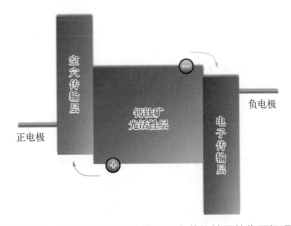

图15-4　钙钛矿电池器件结构及电荷传输层的作用机理

首先是具有钙钛矿（perovskite）晶体结构的金属卤化物钙钛矿光活性层。光活性层会吸收光子并被激发出一对电子-空穴。这些电子和空穴会被光活性层两侧的电子及空穴传输层迅速收集并传输出去，最后通过正负电极传导至外电路。由于钙钛矿材料本身具有的优异特性，如高吸收系数、低激子束缚能、长载流子扩散长度、可低温溶液制备等，这一新型太阳能电池器件迅速发展，并创造了媲美晶硅电池的、高达25.7%的能量转化效率纪录。特别是钙钛矿-硅叠层电池效率也超过了31%，未来应用前景广阔[8]。

其次是电荷传输层，包括电子和空穴传输层两部分。除了性能优异的钙钛矿光活性层，电荷传输层对器件性能的影响也十分关键。好的空穴传输层，一方面需要有较高的电导率，避免电荷在传输层中输运时的电阻损耗；另一方面需要有合适的功函数和能带位置，从而可以和钙钛矿活性层形成有利于特定电荷提取的异质结能带结构，避免界面非辐射复合，提高电荷提取效率。

目前保持效率纪录的钙钛矿太阳能电池，使用的是二氧化钛作为电子传输层，掺杂的Spiro-OMeTAD作为空穴传输层。这一对传输层的使用，最早要追溯到染料敏化电池。其中，对Spiro-OMeTAD进行掺杂的研究历程更可以称得上是"百转千回"。

Spiro-OMeTAD，中文名称2,2′,7,7′-四[N,N-二（4-甲氧基苯基）氨基]-9,9′-螺二芴。它最早于1997年合成出来，用作有机蓝光二极管的活性层[9]。此分子中，三苯胺基团具备较高的发光效率和亮度，螺芴空间结构具备良好的成膜性。1998年，来自洛桑联邦理工学院（EPFL）的U.Bach和M.Grätzel等，首次将固态Spiro-OMeTAD薄膜作为空穴传输层，应用到染料敏化太阳能电池中，以替代原先的液态电解液。结果发现，器件稳定性得到大幅提升[10]。

为了提高Spiro-OMeTAD薄膜的空穴传输能力，研究者将$N(PhBr)_3SbCl_6$和LiTFSI作为掺杂剂，加入到这一层Spiro-OMeTAD中，大幅改善了器件的填充因子和短路电流。不过，$N(PhBr)_3SbCl_6$和LiTFSI这些掺杂剂在Spiro-OMeTAD薄膜中很难分散均匀，导致传输层的传输性能不理想，且掺杂剂聚集的地方还会导致载流子的复合。

2001年，J.Krüger和M.Grätzel等向掺杂的Spiro-OMeTAD中加入少量TBP，使掺杂剂能够均匀分散，弥补了上述缺陷[11]。自此，Spiro-OMeTAD作为太阳能电池高效空穴传输层的掺杂配方基本形成。不过，此时整个领域对于$N(PhBr)_3SbCl_6$和LiTFSI这些掺杂剂的作用机理理解得还很不够。2006年，H.J.Snaith和M.Grätzel将这两种掺杂剂加到Spiro-OMeTAD中，详细比较了它们对空穴传输性能的增强程度。尽管只有$N(PhBr)_3SbCl_6$可以和Spiro-OMeTAD之间发生电荷转移，但研究结果表明：只加入LiTFSI的Spiro-OMeTAD薄膜反而有更好的迁移率和电导率，而只加入$N(PhBr)_3SbCl_6$的薄膜中光生载流子的复合更加严重[12]。

到2013年，A.Abate和H.J.Snaith等揭示了LiTFSI的存在会促进氧气对Spiro-

OMeTAD 的掺杂，形成 Spiro-OMeTAD$^{\cdot+}$TFSI^{-}，改善其空穴迁移率和电导率[13]。自此，对高效空穴传输层 Spiro-OMeTAD 进行掺杂的配方及作用机理终于初见端倪：LiTFSI 本身不会和 Spiro-OMeTAD 之间发生电荷转移，但会促进氧气对 Spiro-OMeTAD 的氧化。氧化形成的 Spiro-OMeTAD$^{\cdot+}$TFSI^{-} 包含了一个阳离子自由基 Spiro-OMeTAD$^{\cdot+}$ 和对阴离子 TFSI^{-}。解离以后，阳离子自由基上包含的空穴，即成为可自由移动的空穴。随后，更多的研究揭示，TBP 的主要作用是改善形貌、帮助 LiTFSI 更好地分散在 Spiro-OMeTAD 中。基于此配方而优化出的掺杂 Spiro-OMeTAD 空穴传输层，用于钙钛矿太阳能电池，取得了超过 25.5% 的光电转化能量效率[14]。

不过，这一传统掺杂配方，仍然存在一些不足之处。首先，传统配方中的添加剂 LiTFSI 和 TBP 都不稳定。LiTFSI 容易吸水，TBP 沸点较低、易挥发。掺杂需要的 LiTFSI 和 TBP 量很大，得到的掺杂薄膜中不可避免地残留了 LiTFSI 和 TBP，大幅降低了稳定性。其次，氧气对 Spiro-OMeTAD 的氧化通常需要十几个小时，且氧化速率非常依赖于环境光照和湿度等条件，大幅增加了使用该配方的时间成本和不确定性。除此之外，在整个氧化过程中不仅简单生成了 Spiro-OMeTAD$^{\cdot+}$TFSI^{-}，更多伴随的副反应也陆续出现。例如，LiTFSI 会在这段氧化反应时间内部分转变为 Li$_x$O$_y$、LiOH；LiTFSI 和 TBP 之间可以直接形成 LiTFSI(TBP)$_4$ 复合物；TBP 也会和氧化生成的 Spiro-OMeTAD$^{\cdot+}$TFSI^{-} 反应，将其再次还原为中性的 Spiro-OMeTAD，这一过程会抑制有效掺杂[15]；同时，TBP 会部分反应为吡啶盐等。

那么，我们直接向 Spiro-OMeTAD 里面加入氧化后的 Spiro-OMeTAD$^{\cdot+}$TFSI^{-} 效果会如何？出人意料的是，相比使用 LiTFSI 和 TBP 作为添加剂、利用空气氧化的掺杂 Spiro-OMeTAD 的钙钛矿太阳能电池，单一使用 Spiro-OMeTAD$^{\cdot+}$TFSI^{-} 掺杂 Spiro-OMeTAD 空穴传输层后得到的电池性能低了 20%。由此看来，这一始于 20 多年前的掺杂配方，虽无心插柳得到了优异的器件性能，但这样优异效果背后的作用机理依然隐藏于复杂而纷繁的反应之中，未得明了。如果不能揭示出单一使用 Spiro-OMeTAD$^{\cdot+}$TFSI^{-} 掺杂为何会损失 20% 能效背后的原因，就很难在保持高效率的同时再进一步解决现有传统配方稳定性差的问题。很显然，未来想要有意栽花、开发更多新的高效且高稳定性的传输层掺杂配方，同样将成为奢望。

15.3　刨根问底

有感于此，笔者团队从 2017 年开始，便立足于 Spiro-OMeTAD$^{\cdot+}$TFSI^{-} 对 Spiro-OMeTAD 的掺杂配方的研究，探索原因去弥补那 20% 的能效损失。最终，功夫不负有心人，我们发现，在Spiro-OMeTAD·+TFSI⁻之外，再加上一些有机盐，例如TBMP⁺TFSI⁻，就可以无须氧化而得到完全媲美甚至超过采用LiTFSI和TBP这一传统配方的器件效率（图15-5）。而且，由于这一新的掺杂配方中的添加剂Spiro-OMeTAD·+TFSI⁻和TBMP⁺TFSI⁻都很稳定，整个掺杂过程没有任何副反应和副产物，所以采用新方法得到的空穴传输层使钙钛矿太阳能电池的稳定性大幅提升。其中，光照下稳定性显著提升，高温（75℃）下器件寿命增加了3倍，高湿度（75%RH）下寿命更是增加了约12倍（图15-6）。

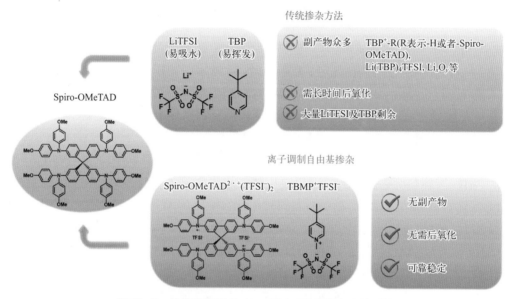

图15-5 传统和新型Spiro-OMeTAD掺杂方法对比

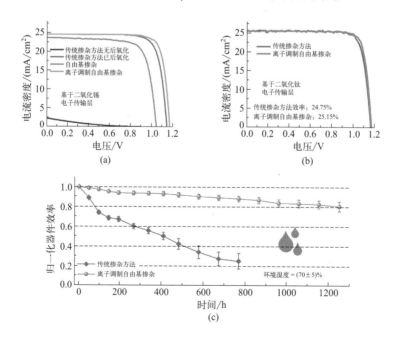

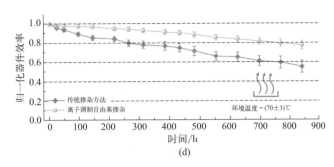

图15-6 传统和新型Spiro-OMeTAD掺杂方法的空穴传输层性能和稳定性的对比

尽管结果令人欣喜，但为了确保不是无心插柳，还是要耐着性子去理解这一新的掺杂方法背后的作用机理。这就叫"知其然，还需知其所以然"。

对空穴传输层而言，重要的物理参数主要有两个：一是空穴的电导率；二是能级和费米面的势能位置。

① 测量加入Spiro-OMeTAD$^{\cdot+}$TFSI$^-$对Spiro-OMeTAD薄膜导电性的影响。由图15-7可以看出，未掺杂的Spiro-OMeTAD电导率低至10^{-8}S/cm；当掺杂0.2%（摩尔分数）Spiro-OMeTAD$^{\cdot+}$TFSI$^-$后，电导率迅速提升至10^{-4}S/cm量级。进一步提高Spiro-OMeTAD$^{\cdot+}$TFSI$^-$掺杂浓度，发现薄膜电导率提升不太明显，电导率在掺杂14%（摩尔分数）的Spiro-OMeTAD$^{\cdot+}$TFSI$^-$后达到最高的10^{-3}S/cm量级。

② 进一步加入有机离子盐TBMP$^+$TFSI$^-$，电导率变化不大，直到加入超过20%（摩尔分数）比例的TBMP$^+$TFSI$^-$后电导率才会稍稍减小。

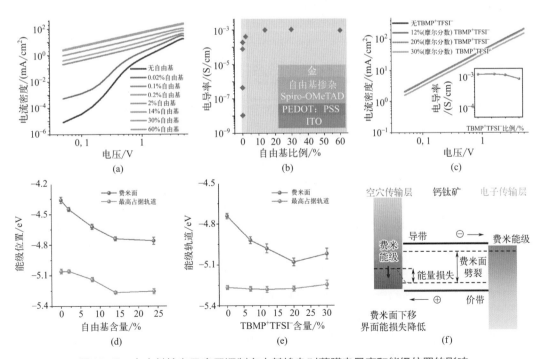

图15-7 自由基掺杂及离子调制自由基掺杂对薄膜电导率和能级位置的影响

③ 这两种添加剂对薄膜能级和费米面的势能位置有影响。用紫外光电子能谱进行详细表征揭示，单独Spiro-OMeTAD·+TFSI⁻掺杂，HOMO轨道能级会从−5.05eV下降到−5.25eV（以真空能级为参照，下同），而费米能级会从未掺杂时的−4.35eV下降到掺杂后的−4.75eV。这一结果表明，Spiro-OMeTAD·+TFSI⁻掺杂后，费米能级和HOMO轨道能级的势能差降低了0.2eV，是直接p型掺杂的证据。进一步，在Spiro-OMeTAD·+TFSI⁻掺杂的基础上加入TBMP+TFSI⁻，HOMO轨道能级基本维持在−5.30～−5.20eV的狭窄区间内，而费米能级会进一步地从−4.75eV下降到−5.05eV。这一结果表明，有机离子盐TBMP+TFSI⁻的加入，大幅促进Spiro-OMeTAD·+TFSI⁻对中性Spiro-OMeTAD的掺杂效率。

需要特别强调的是，如果加入额外的离子盐可以影响有机半导体的掺杂效率，倒是给本不是那么"有效"的有机半导体掺杂带来了一种非常简单易行、却又行之有效的调控手段。但是个中原因究竟是什么呢？仔细回看这一全新的、针对Spiro-OMeTAD的掺杂配方，我们明白，Spiro-OMeTAD·+TFSI⁻本质就是一对自由基阳离子加上阴离子组成的盐。自由基阳离子Spiro-OMeTAD·+本身已经包含了一个空穴，只是该空穴受到近邻对阴离子TFSI⁻的静电吸引而处于束缚状态，尚未解离成可自由移动的空穴。要活化这个束缚空穴，就需要近邻的、某个中性Spiro-OMeTAD分子的共轭结构上有一个电子转移到自由基阳离子Spiro-OMeTAD·+上去（也即这个中性Spiro-OMeTAD分子接受了自由基阳离子Spiro-OMeTAD·+上的空穴）。这一电荷转移过程所需要的活化能，就是该空穴自由化的活化能。也就是说，掺杂效率的提高，很可能就是电荷转移过程的活化能降低导致的。

15.4 离子调制自由基掺杂之普适方法

基于此，我们比较了离子盐加入前后，该掺杂Spiro-OMeTAD体系的液态高分辨核磁共振能谱、固态核磁共振能谱和变温电子顺磁共振能谱，均看到了离子盐能增强中性Spiro-OMeTAD和自由基阳离子Spiro-OMeTAD·+之间电荷转移的证据。一方面，结合第一性原理计算，我们发现，离子盐的加入，对Spiro-OMeTAD·+TFSI⁻提供了额外的静电相互作用，使空穴在自由基阳离子Spiro-OMeTAD·+上的分布更加离域化了。这一离域化，降低了中性Spiro-OMeTAD和自由基阳离子Spiro-OMeTAD·+之间电荷转移的能量势垒，促进了束缚空穴的解离，从而提升了Spiro-OMeTAD·+TFSI⁻的掺杂效率（图15-8）。

另一方面，变温电导率测试结果表明，离子盐的加入，虽然促进了掺杂效率，但也在体系中引入了更多带电离子，降低了体系的有序度。因此，空穴的长程输运迁移率下降了，导致更多自由空穴难以有效贡献掺杂薄膜的电导率。从这个角度而言，这一调控手段可以在薄膜电导率基本不变的同时提升功函数，算是展现了一种有机半导体全新且独特的可能性。

毫无疑问，这是一种使用 Spiro-OMeTAD·⁺TFSI⁻ 加离子盐 TBMP⁺TFSI⁻ 高效掺杂中性 Spiro-OMeTAD 的方法。基于此，我们对这一方法总算有了比较深入的认识：Spiro-OMeTAD·⁺TFSI⁻ 作为自由基盐，提供了空穴；而离子盐 TBMP⁺TFSI⁻ 则调控了空穴活化的势垒，进一步调制了 Spiro-OMeTAD·⁺TFSI⁻ 的掺杂。我们姑且将这一方法命名为"离子调制自由基掺杂"。

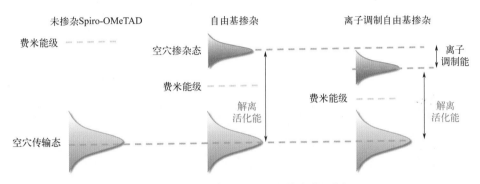

图 15-8　离子盐对空穴活化势垒的调制

为了验证这一"离子调制自由基掺杂"方法具备一定的普适性，我们又尝试做了两组实验。如图 15-9 所示，第一组，考虑钙钛矿本身结构和组分的多样性，我们进一步选择了 4 种不同组分和制备方法的钙钛矿作为光活性层，而所有的空穴传输层都经过 Spiro-OMeTAD·⁺TFSI⁻ 加 TBMP⁺TFSI⁻ 进行了"离子调制自由基掺杂"。最终结果是所有器件都获得了超过传统氧化掺杂配方掺杂的器件效率，器件稳定性也取得了显著提升。这一结果表明，"离子调制自由基掺杂"配方有望成功适配各种不同的钙钛矿电池体系。第二组，我们尝试了其他 6 种离子盐去替换 TBMP⁺TFSI⁻ 以进行"离子调制自由基掺杂"，然后将得到的空穴传输层应用于钙钛矿太阳能电池上，均取得了媲美 TBMP⁺TFSI⁻ 配方的器件效率。这一结果表明了离子对空穴活化过程的调制是普适的。

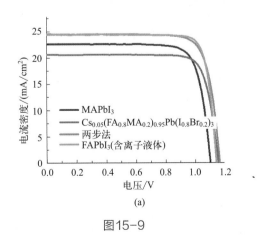

图 15-9

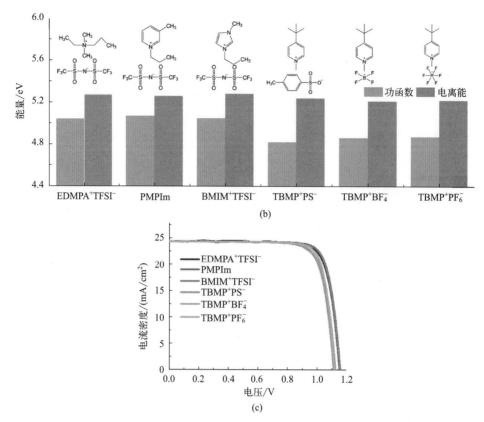

图15-9 "离子调制自由基掺杂"方法的普适性探究

总之，我们从想要理解一个经典却复杂的Spiro-OMeTAD掺杂过程入手，在找到了一个简单、干净且行之有效的Spiro-OMeTAD掺杂配方之后，更深入理解了有机半导体掺杂的物理机理。这一结果，不但厘清了原先高效但复杂未知的掺杂体系，而且提供了一种全新的有机半导体掺杂的"调制"手段。我们的这一工作以Ion-modulated Radical Doping of Spiro-OMeTAD for More Efficient and Stable Perovskite Solar Cells为标题在线发表于*Science*上（Tiankai Zhang, et al. Science, 2022, 377:495-501. https://www.science.org/doi/10.1126/science.abo2757）。

当然，笔者目前对这一"离子调制自由基掺杂"的理解还很难说全面。未来还需要众多研究者踊跃参与进来，去发现化学结构和性质对"调制"能力的关联与影响，以把这一方法进一步推广到更多的有机半导体体系和更多光电器件中去。

参考文献

参考文献

第 16 章

3D 打印
碳化硅陶瓷材料

殷 杰 黄政仁

《人鬼情未了》里的经典陶艺片段让人深刻理解陶瓷制备是地地道道的"手艺活"。陶瓷是一种传统的无机材料制品，精美实用，在人类生产生活中已经有了几千年的历史。陶瓷是陶器与瓷器的统称，也是一种工艺美术品。远在新石器时代，中国已有风格粗犷、朴实的彩陶和黑陶，陶与瓷的质地不同，性质各异。陶是以黏性较高、可塑性较强的黏土为主要原料制成的，不透明、有细微气孔和微弱的吸水性，击之声浊。瓷是以黏土、长石和石英制成，半透明，不吸水、抗腐蚀，胎质坚硬紧密，叩之声脆。我国传统的陶瓷工艺美术品，质高形美，具有极高的艺术价值，闻名于世界。

16.1　陶瓷制备

陶瓷材料外表坚硬，然而"内心"却非常柔软：陶瓷材料的一大特点是很脆，表面因各种原因萌生细微裂纹缺陷后，会迅速失稳扩展，并导致灾难性失效。传统"手艺"与注浆成型-开模工艺制造的陶器对比如图16-1所示。

(a) 传统"手艺"制造并上釉的大型陶器　　　　(b) 注浆成形-开模工艺示意图

图16-1　传统"手艺"与注浆成型-开模工艺制造的陶器对比

16.1.1　减材制造陶瓷

为满足终端实际应用，陶瓷材料需采用复杂后加工处理（即减材制造），这些额外步骤往往加剧生坯内部裂纹、孔洞等缺陷的萌生倾向，大幅降低了制品可靠性。以注浆、流延、浇注等工艺为代表，科研人员发展了多种能够实现原位可控备的等材成型技术。然而这些方法的主要缺点在于需预先设计并制造出特定形状的模具。构件形状一旦发生哪怕是细微的变化，都需要重新制作模具，导致产品更新换代速度慢，成本非常高。此外，由于采用液体溶剂作为成型载体，生坯在后续干燥过程产生收缩、表面粗糙不平和翘曲起皮等棘手的问题，对最终制品的精细程度也会产生较大影响。

随着工业技术快速发展和材料应用领域不断拓展，对高性能陶瓷的需求量日益增大，对陶瓷结构件的性能要求也越来越高。材料成型技术作为陶瓷结构件制备的重要环节之一，对陶瓷产品的结构、性能和应用具有决定性作用。传统的注射成型、注凝成型、压滤成型、压力成型、凝胶注模成型、切削加工等陶瓷制造技术已发展成为成熟的工艺，在模具化、标准化和规模化的陶瓷产品成型领域发挥了重要的作用，但是这些技术难以满足对个性化、精细化、轻量化和复杂化的高端产品快速制造的需求，限制了高性能陶瓷产品的开发与应用。

16.1.2　增材制造：3D打印陶瓷前世今生

为了适应现代化工业制造及高端应用的发展，急需研究新型的高性能陶瓷成型制造技术，3D打印技术随之应运而生。陶瓷3D打印技术的发展使复杂陶瓷产品制备成为可能，陶瓷3D打印可以制备结构复杂、高精度的多功能陶瓷，在建筑、工业、医学、航天航空等领域将会得到广泛的应用，在陶瓷型芯、骨科替代物、催化器等方向具有很好的应用前景，将给我们的生活带来巨大改变。

3D打印（3D-printing）是基于计算机三维模型技术的一种制造成型方法，通过材料逐层堆积的方式实现生产。3D打印又名增材制造，区别于车削、铣削等传统减材成型方式，先通过计算机对制品构建三维模型并进行切片，根据每层的片层数据，软件控制打印头逐层进行打印，薄层材料自下而上逐层堆积形成三维制品。3D打印融合了材料科学、机电控制技术及计算机信息技术等多领域的先进科技，改变了传统制造方式和工艺，是"第三次科技革命"的标志性成果。在3D打印技术中，CAD建模取代了传统工艺中的模具实体制造（图16-2），机械运动与材料制备两个

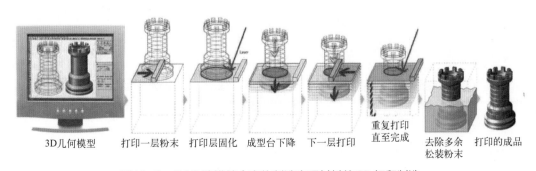

3D几何模型　　打印一层粉末　　打印层固化　　成型台下降　　下一层打印　　重复打印　　去除多余　　打印的成品
　　　　　　　　　　　　　　　　　　　　　　　　　　　　　　　　　　直至完成　　松装粉末

图16-2　CAD建模结合实体制造实现材料的3D打印制造

过程合二为一同步进行，更加智能化和可控化。从CAD模型到打印出任意形状的三维立体结构，该技术主要优势包括：

① 易于获得形状复杂、质地轻薄的制品（图16-3）。

② 通过集合多重功能的单一构件，替代以往需要由若干组元构成的部件，从而大幅度节约组装成本，同时也提高了产品的质量。

③ 个性化灵活定制。

④ 无须额外制造价格昂贵的模具，易于实现陶瓷构件的小批量生产。

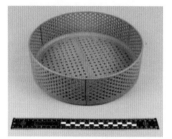
(a) 3D打印轻质镂空陶瓷容器

(b) 3D打印陶瓷传感器

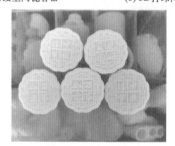
(c) 3D打印陶瓷"月饼"

图16-3　3D打印的制品

3D打印是谁最先发明的呢？这得归功于比尔·马斯特斯——3D打印之父，他在1984年7月2日获得了历史上第一项3D打印专利US4665492A，专利名称是"计算机自动制造过程和系统"，这份文件在USPTO备案，隶属于马斯特斯的三项专利中的第一项，为今天使用的3D打印系统奠定了基础。比尔·马斯特斯的3D打印概念图如图16-4所示。

"计算机自动制造过程和系统"专利利用计算机辅助设计编制三维坐标信息的数据文件，这些坐标信息被输入控制伺服和极坐标系统的机器控制器，伺服电动机进一步控制工作头的位置，以便引导原料颗粒到达坐标系中的预定坐标点，从而形成固态物体，起始点固定在坐标系原点，围绕起始点建立原型。这是一个用于在三维坐标系定位材料的装置，以便在多个坐标系和受控环境中建立物体。

3D打印被视为新一轮工业革命的重要标志，它将材料科学、机电控制学及计算机信息技术等融于一身，革命性地改变了我们的生产生活方式，引领着第三次工

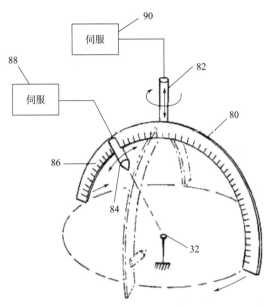

图16-4　比尔·马斯特斯的3D打印概念图（部分）

业革命，可以说，掌握了3D打印技术就掌握了未来制造业发展的主动权，大力发展3D打印技术也越来越受到各国政府重视。随着3D打印大规模产业化，传统工艺流程、生产线、工厂模式、产业链范式都将面临深度调整。3D打印陶瓷材料产业方兴未艾，科研人员正在不断努力攻克难关，发掘新型先进陶瓷材料一个又一个新的应用。尽管不少公司已经开发出较为完备的陶瓷3D打印技术，但截至目前，相较于其他材料而言，陶瓷的3D打印仍然非常小众，属于新兴技术领域。SmarTech分析公司发布的最新《陶瓷快速成型零件生产：2019—2030年》表明，随着陶瓷3D打印技术全面发展，并建立起相对全面完善的系列化生产路线，陶瓷3D打印市场将在2025年迎来一个重要拐点，届时一大批公司和行业将受益于该技术。到2030年，陶瓷3D打印市场收入预期将达48亿美元。

16.2　3D打印陶瓷

　　陶瓷具有高强度、高硬度、耐高温、低密度、化学稳定性好、耐腐蚀等优异特性，是三大固体材料之一。陶瓷的化学键大都为共价键和离子键，键合牢固并具有明显的方向性，与金属相比，具有更高的硬度、弹性模量、耐高温性、耐腐蚀性和耐磨性，但是其韧性和塑性不如金属。正因为有如此好的性能，它广泛地被应用于航天航空、军事、电子科技、生物医疗、化学器皿、能源等诸多领域。

　　直接烧结陶瓷比较困难，往往需要在陶瓷粉末中加入黏结剂或将原料制成覆膜陶瓷的结构。因而与金属和有机高分子材料直接通过3D打印获得成品明显不同的是，陶瓷粉末在3D打印成形后必须采取远高于1000℃，特别是碳化硅（SiC）需经历比2000℃更高温度的热处理，方可获得所需的使用性能。如此高的温度，比起太上老君的八卦仙丹炉温度可高太多了，因而对成型生坯必然有着非常严格的要求。

SiC陶瓷具有耐高温、耐腐蚀、耐磨损、高硬度等优点，然而也有对细小裂纹极为敏感、加工困难等诸多不足之处，而3D打印技术可灵活运用到复杂形状SiC陶瓷材料的制备中，近年来受到广泛关注。目前，陶瓷3D打印工艺正在探索突破关键技术，如光固化（SLA，见图16-5）、立体光刻（DLP）、浆料挤出成型（FDM）、墨水直写（DIW）、黏结剂喷射（BJ）、选区激光烧结（SLS）等多种成型技术。

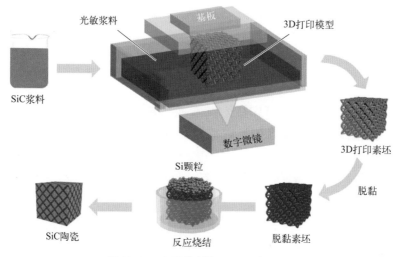

图16-5　光固化制备SiC陶瓷原理

16.2.1　光固化技术

光固化（SLA）技术与立体光刻（DLP）技术的原理类似，都是在树脂中加入陶瓷粉末得到浆料进行3D打印。与其他方法相比，光固化技术适合成型高精度、形状复杂的大型零件。但对于浆料的要求一般较高，如需要较高的固相含量、较低的密度，并且陶瓷颗粒需要在树脂中分散均匀；该方法所使用的设备昂贵，制造成本较高。

SLA是最早实用化且目前研究较为成熟的一种3D打印技术，它基于液态光敏树脂聚合固化成型原理。材料在特定波长和强度的激光照射下发生交联聚合反应（即光固化），从而实现液态材料固化转变。SLA成型过程是通过计算机控制激光束的运动轨迹在液态光敏树脂表面实现由点到线再到面的扫描，逐层固化形成所需形状。DLP和SLA的成型过程较为相似，但DLP的光源主要以紫外激光（355nm或

405nm）为主，适合一次打印多个精细零件；SLA 主要采用的是数字处理器进行掩模曝光固化，适合一次打印单个精细零件。

16.2.2　浆料挤出成型技术

浆料挤出成型技术与塑料 3D 打印的熔融沉积成型技术类似，基本都是由供料辊、导向套和喷头三个结构组件相互搭配来实现。首先热熔性丝状材料（混有陶瓷粉末的喷丝）经过供料辊，在从动辊和主动辊的配合作用下进入导向套，利用导向套的低摩擦性质使丝状材料精准连续地进入喷头。材料在喷头内加热熔化后挤出喷嘴，挤出后的陶瓷高分子复合材料因为温差而凝固，按照设计好的原件造型进行 3D 打印。

16.2.3　墨水直写技术

墨水直写（DIW）技术源于 1998 年美国 Sandia 国家实验室 J.Cesarano 等提出的自动注浆成型技术（图 16-6），起初主要针对陶瓷等材料的三维模型成型制造，经过后来不断地研究拓展，逐渐发展为今天的 DIW 增材制造技术。DIW 是将陶瓷粉末与有机物混合，制成陶瓷墨水，然后将其打印到成型平面上形成陶瓷坯体。其工艺流程主要特点为喷嘴针头挤出一定黏度的陶瓷浆料，并通过计算机控制，按照预定的路径轨迹进行铺设，一层一层地固化成型，最终获得三维结构零件。对DIW 技术来说，陶瓷墨水的制备是关键。这要求陶瓷粉末在墨水中能够均匀良好地分散，并具有合适的黏度、表面张力及电导率，以及较快的干燥速率和尽可能高的固相含量。

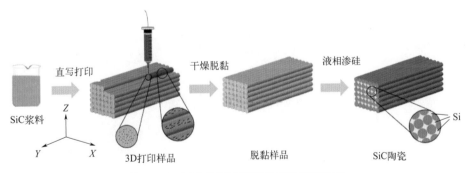

图 16-6　墨水直写成型制备 SiC 陶瓷原理

16.2.4　黏结剂喷射技术

黏结剂喷射（BJ）技术是在粉末床上有选择性地喷射黏结剂，通过层层扫描制造得到最终陶瓷坯体。BJ 技术在制备多孔陶瓷零件时有较大优势，但是其成型精度较差，表面较粗糙，这与粉体成分、颗粒大小、流动性和可润湿性等有较大联系。在制造过程中，可以通过控制粉末层的湿度来提高所得毛坯的尺寸和表面的精度。BJ技术所制备的零件致密度一般较低，通常需要后续工艺来提高其致密度，如在烧结前进行冷等静压和高压浸渗处理，可以显著提高烧结后制品的致密性，但同时也会降低生产率。

16.2.5 选区激光烧结技术

选区激光烧结（SLS）技术是通过激光选择性扫描粉末床表面特定区域，使粉末材料受热熔化并黏结在一起，并最终形成坯体。陶瓷材料的烧结温度很高，难以通过打印直接获得气孔率低的制品。目前，SLS的主要作用是对陶瓷材料进行黏结，其方法是将低熔点的有机黏结剂覆盖于陶瓷颗粒表面，压辊将粉末铺在工作台上，计算机控制激光束扫描规定范围的粉末，粉末中的黏结剂经激光扫描熔化，形成层状结构，扫描结束后，工作台下降，压辊铺上一层新的粉末，经激光再次扫描，与之前一层已固化的片状陶瓷黏结，反复操作，最终打印出成品，实现高质量成型。此外，进一步降低SiC的密度（3.21g/cm^3），制备质量轻、强度高的SiC陶瓷材料，也是非常重要的发展方向，如图16-7所示。

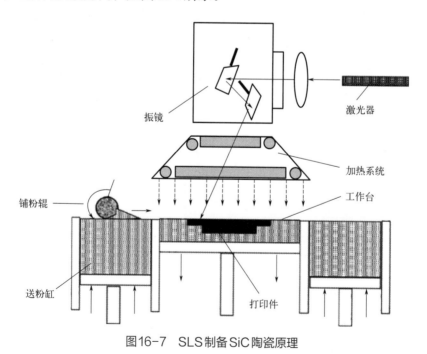

图16-7 SLS制备SiC陶瓷原理

相比于传统方法，3D打印工艺的突破性在于它的简单易行，打印过程开始于准备设计文件，为3D打印准备完整的设计文件并非一项简单工作。设计文件的作用是和3D打印机的内置软件准确交流，打印机内置软件再告诉机械组件如何工作。而一旦提交设计文件后，其将会转化为3D打印的特殊格式标准镶嵌语言，简称STL。STL是一种业内标准的有着几十年历史的文件格式（图16-8），有点类似于PostScript文件格式，PostScript可将计算机文件转换为二维打印机能识别和处理的文件格式。打印机固件读取STL文件，将数字网格"切"成虚拟薄层，对应着3D打印的物理薄层。

STL将设计对象的数字形状"包装"在虚拟表面内，称为"网格"，由成千上万（有时数百万）联锁多边形组成，表面网格上每个多边形都携带了物体形状信息。STL文件每个虚拟切片都反映了最终打印体的一个横截面。

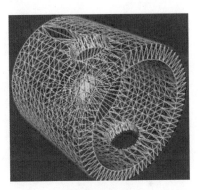

图16-8　计算机里的STL文件

16.3　3D打印陶瓷未来发展趋势

　　3D打印陶瓷会引领未来制造技术，升级产业结构，使我国制造技术更多地趋向于高端制造领域，实现对发达国家制造业的弯道超车。实际应用场景当然面临着诸多挑战，如针对航空航天、集成电路等领域，对多尺寸、精细结构、复杂构型陶瓷部件的需求日益迫切，材料与设备之间的互动变得非常重要，包括有机助剂的均质复合、高质量粉体原料的遴选搭配、高性能 SiC 前驱体陶瓷的打印成型，都是研究聚焦的关键点。此外，搭建更大尺寸、更快速度、更高精度的设备平台，设计更准确的打印软件，以及结合多种打印方法各自特点所融合得到的新型3D打印一体化成形技术方法，都是关键要素。结合大数据、机器人、物联网等高新技术，3D打印技术将在智能制造产业中创造出巨大的经济价值和社会效益。具体而言，结合 SiC 陶瓷，对复杂形状部件的需求越来越多（图16-9），且结构要求越来越复杂、精细，包括空间遥感成像光学部件、复杂支撑结构力学构件、防弹一体化部件、深海耐压壳体部件、航空发动机热端部件、半导体晶圆等。此外，还可以实施更为前沿的4D打印技术，避免直接打印复杂的3D形状，而是首先打印较低维度的形状，然后在具有所需性能的目标位置启用其他维度，从而拓宽了3D打印陶瓷的广泛潜在应用。相信在不久的将来，不仅是SiC陶瓷，各式各样的结构功能一体化陶瓷部件都将以3D打印的方式不断地被造出来。

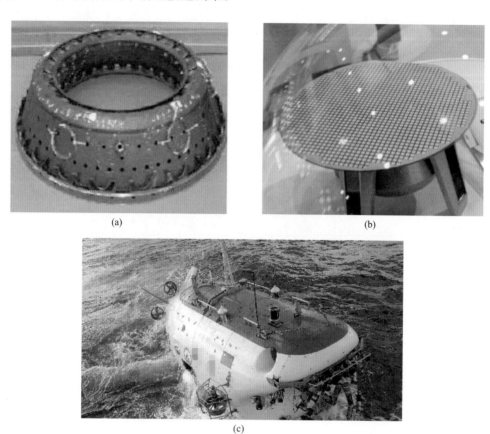

(a)

(b)

(c)

图16-9　在各种各样用途中大显身手的SiC陶瓷

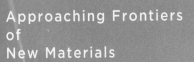

Approaching Frontiers of New Materials

第17章

金刚石
能揽芯片活吗

付　斌

金刚石（diamond）的作用远不止装饰与消费，它不仅在加工石材、有色金属、复合材料等方面有着不可替代的作用，还被行业冠以终极半导体材料的称号。

多年前，科学界就曾掀起研究金刚石半导体的热潮，但时至今日，我们也未用上金刚石半导体所制造的器件，以至于有工程师感叹，金刚石永远处在半导体实用化的边缘。究竟有哪些难题阻碍了它的发展？它又会如何变革半导体行业呢？

17.1 与硅同族的"高才生"

金刚石是碳元素（C）的单质同素异构体之一，为面心立方结构，每个碳原子都以sp^3杂化轨道与另外4个碳原子形成σ型共价键，C—C键长为0.154nm，键能为711kJ/mol，构成正四面体，是典型的原子晶体[1]，集超硬、耐磨、热传导、抗辐射、抗强酸强碱腐蚀、可变形态（单晶/多晶）等诸多优异性能于一身[2]。

行业中时常提及的石墨、富勒烯、碳纳米管、石墨烯和石墨炔，均属碳的同素异形体。碳具有sp^3、sp^2和sp三种杂化态，通过不同杂化态可形成多种碳的同素异形体，而金刚石则是通过sp^3杂化形成[3]。

从结构上来说，金刚石与同处在第Ⅳ族的硅（Si）、锗（Ge）均为同类结构，天生就是做半导体的料[4]。而让金刚石半导体成为终极半导体材料的底气来自其优异的特性，据粗略估计，金刚石作为半导体的性能比硅高23000倍，比氮化镓（GaN）高120倍，比碳化硅（SiC）高40倍[5]。

既然各项参数优异，利用这些参数又能做成什么器件呢？

金刚石属超宽带隙半导体材料，带隙高达5.5eV，使其更适合应用于高温、高辐射、高电压等极端环境下；热导率可达22W/（cm·K），可应用于高功率器件[6]；空穴迁移率为4500cm²/（V·s），电子迁移率为2200cm²/（V·s），使其可应用于高速开关器件；击穿场强为10MV/cm，可应用于高压器件；巴利加优值高达24664，远远高于其他材料（该数值越大，用于开关器件的潜力越大）[7]。另外，由于金刚石激子束缚能达到80meV，使其在室温下可实现高强度的自由激子发射（发光波长约235nm），在制备大功率深紫外发光二极管和研制极紫外、深紫外、高能粒子探测器方面具有很大的潜力[8]（表17-1）。

除上述器件以外，金刚石还能够被应用到核聚变反应堆中的兆瓦级回旋振荡管的高倍光学镜片、X射线光学组件、高功率密度散热器、拉曼激光光学镜片、量子计算机上的光电学器件、生物芯片衬底和传感器、两极性的金刚石电子器件等高新技术领域[9]。

表17-1 半导体的材料特性[10]

材料	带隙/eV	熔点/℃	电子迁移率/[cm²/(V·s)]	电子饱和速度/(10⁷cm/s)	击穿场强/(10⁸V/m)	介电常数	热导率/[W/(cm·K)]	巴利加优值
Si	1.1	1410	1400	1	0.3	11.8	1.5	1
GaAs	1.4	1238	8000	2	0.4	12.9	0.55	5
4H-SiC	3.3	>2700	550	2	2.5	9.7	2.7	340
GaN	3.39	1700	600	2	3.3	9	2.1	870
金刚石	5.5	3800	2200	3	10	5.5	22	24664
氧化镓	4.8～4.9	1740	300	2.42	8	10	0.27	3444
氮化硼	6	>2973	约1500	1.9	约8	7.1	13	12224

17.2 金刚石是材料革命的第四代选手

半导体材料划分为四代：第一代以锗和硅为代表；第二代以20世纪80年代和90年代相继产业化的砷化镓（GaAs）和磷化铟（InP）为代表；第三代以氮化镓（GaN）和碳化硅（SiC）为代表；第四代则是在2005年以后逐渐被重视的4eV以上的超宽禁带半导体材料，以氧化镓（Ga_2O_3）、氮化铝（AlN）和金刚石为代表[10]（图17-1）。

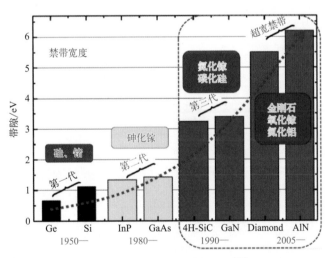

图17-1 半导体材料的划分[10]

目前，在半导体领域中，硅材料的潜力基本已被挖掘到极致，需要特性更好的材料接续。金刚石作为超宽禁带的下一代材料，引得全球各国争相布局，世界上很多国家已将金刚石列入重点发展计划中。

由于天然金刚石杂质多、尺寸小、价格昂贵，很难满足在电子器件领域的产业化需求。而人造金刚石与天然金刚石结构相同、性能相近、成本相对较低，能够有效使金刚石为人所用。

17.3 不是每种金刚石都能造芯

金刚石生长主要分为HTHP法（高温高压法）和CVD法（化学气相沉积法），对半导体来说，CVD法是金刚石薄膜的主要制备方法，而由HTHP法制备的金刚石单晶会在CVD合成法中充当衬底的主要来源（表17-2）[11]。

表17-2 金刚石两种主要生长方法对比 [12,13]

生长方法	中文名称	基础原理	特点	应用
HTHP法	高温高压法	利用装置模拟天然金刚石在地底形成时的高压高温条件，以石墨为原材料，添加催化剂合成单晶金刚石	产量大且生产成本低，但大尺寸金刚石对设备要求苛刻，同时过程中使用金属催化剂，成品会存在微量金属粒子残留	技术成熟，主要作为加工工具核心耗材，培育钻石用于钻石饰品
CVD法	化学气相沉积法	将甲烷（CH_4）和氢气（H_2）导入一个反应室内，通过化学反应，形成金刚石，沉积到晶片表面，沉积温度一般为700～1200℃	CVD金刚石的外观、成分、特性与天然金刚石几乎一样，比起天然金刚石，CVD金刚石更纯，几乎没有任何杂质	国外技术相对成熟，主要作为光、电、声等功能性材料，少量用于工具和钻石饰品

其中，CVD法还细分为HFCVD、DC-PACVD、MPCVD、DC Arc Plasma Jet CVD四种生长方法（表17-3）。由于MPCVD法采用无极放电，等离子体纯净，是目前适合高质量金刚石生长的方法，同样也适用于高质量金刚石外延及掺杂研究[12]。

表17-3 CVD的四种主要方法及应用 [14]

沉积方法	HFCVD	DC-PACVD	MPCVD	DC Arc Plasma Jet CVD
中文名称	热丝化学气相沉积	直流辅助等离子体化学气相沉积/热阴极化学气相沉积	微波等离子体化学气相沉积	直流电弧等离子体喷射化学气相沉积
激活方式	热激活	辉光放电	电磁激活	弧光放电
独立金刚石薄膜直径/mm	150	203	150	175
沉积速率/（μm/h）	1～10	6～25	0.1～34	5～930
优势	低压下获取面积大、设置简单、设备便宜	低压下获取面积大、设置简单、设备便宜	金刚石薄膜质量优异、稳定地沉积	最高线性增长率、高质量的金刚石
缺点	低生长速率、最低金刚石薄膜质量、热丝降解	低压条件下生长速率低、电极污染	需模拟燃烧室、3D沉积困难、低生长速率	沉积面积小、过程控制难、能量和气体消耗大、电极污染

续表

金刚石薄膜质量	工具和散热器等级	工具和散热器等级	所有等级，包括电子级	工具、散热器和光学等级
应用情况	应用于涂层刀具、单孔和多孔的拉丝模，集成电路的微钻涂层和大面积水处理电极应用获得快速发展	用于快速生长金刚石涂层，应用于大面积工磨具	制备高质量半导体金刚石多晶和单晶的优选方法	—

实际上，培育钻石也会用到HTHP法和CVD法，但做半导体芯片的金刚石与造钻石和造工具可不是一种：一是纯度不同；二是需要进行掺杂。

17.3.1　更纯的金刚石才能做半导体

早期的金刚石主要以谱学特征分为Ⅰ型和Ⅱ型：Ⅰ型杂质含量较高，对300nm以下的紫外光不透明，且在500～1430nm范围内有强吸收；Ⅱ型金刚石纯度较高，对上述波段完全透明。在Ⅰ型和Ⅱ型的基础上，按氮（N）、硼（B）等杂质种类和数量不同，继而分为Ⅰa、Ⅰb、Ⅱa、Ⅱb等类型[15]。

这种分类较为粗略，用于机械和工具领域还是足够的。例如，Ⅰb型金刚石大单晶（黄色，氮含量约数百微克/克）多用在热沉、切割刀具、高精度机械加工等方面；优质Ⅱa型金刚石大单晶（无色，氮含量小于10^{-6}）主要用作高功率激光的散热片、红外分光用的窗口材料、金刚石对顶砧等；Ⅱb型金刚石则利用其半导体特性扩展自身的应用空间[11]。

但对半导体来说，这种分类方式明显不够精细，直到20世纪90年代出现光学级CVD的概念，陆续出现了量子级、电子级、光学级、热学级、力学级等称谓（表17-4）。这些分级主要参考位错密度和含氮量两个参数，本质上，空位和空位聚集形成的微孔洞及多晶高速生长中晶界连接形成的黑色组织是影响金刚石分级的主要因素[14]。

表17-4　CVD金刚石的分类及缺陷要求[14]

缺陷要求	量子级	电子级	光学级	热学级	力学级
位错密度/（1/cm²）	≤3	$\leqslant 10^3$	$\leqslant 10^8$	$10^8 \sim 10^{11}$	$\geqslant 10^8$
含氮量	$\leqslant 0.1 \times 10^{-9}$	$\leqslant 5 \times 10^{-9}$	$\leqslant 5 \times 10^{-6}$	$\leqslant 100 \times 10^{-6}$	$\geqslant 200 \times 10^{-6}$

需要强调的是，金刚石分为单晶和多晶两种。多晶金刚石一般用于热沉、红外和微波窗口、耐磨涂层等方面，但它不能真正发挥金刚石的优异电学性能，这是由于其内部存在晶界，会导致载流子迁移率及电荷收集效率大幅度降低，使其所制备的电子器件性能受到严重抑制。单晶金刚石则不会有这种顾虑，一般用于探测器（如紫外探测器、辐射探测器）和功率器件（如场效应晶体管、二极管）等关键领域[16]。

例如，光伏行业曾一度呈现单晶硅和多晶硅分天下的格局（表17-5），但当单晶硅成本急剧下降后，多晶硅的成本优势弱化，逐渐淡出竞争，转向特定领域。金刚石半导体是同样的道理，单晶性能更好但成本较高，多晶在成本敏感应用领域具备价值，同时一些器件也只能使用单晶金刚石。

表17-5　不同级别金刚石的应用[17]

分类	级别	特性
单晶CVD金刚石	单晶MCC	天然Ⅱa型金刚石的工程替代品
	光学级	可控吸收和双折射金刚石
	电子级	用于量子光学和电子级的超高纯度金刚石
多晶CVD金刚石	光学级	专为红外激光光学应用而设计
	电子级	用于大面积无源电子器件级的超高纯度材料
	热学级	用于散热的高导热金刚石
	机械级	精密加工级高强度金刚石
	电化学级	电化学应用专用掺硼金刚石

17.3.2　想让金刚石导电要掺杂

事实上，纯净的金刚石本身是一种极好的绝缘体（电阻率$\rho>10^{15}\Omega\cdot cm$），只有当引入受主和施主元素时，才可由绝缘体变为半导体。金刚石的掺杂方法分为HTHP法生长过程中掺入、CVD法生长过程中掺入和离子注入法三种（表17-6），其中HTHP法主要应用于单晶金刚石衬底生长，掺杂方面研究极少。所谓CVD法掺杂，就是在生长过程掺入n型施主元素或p型受主元素，最终形成金刚石薄膜的部分碳原子被替换为对应元素，表现出导电性，这种方法操作相对容易。离子注入法顾名思义，就是通过加速电场来加速杂质元素离子，使其获得较大动能，直接注入金刚石材料中，这种方法能够精确控制掺杂原子注入浓度，允许选区掺杂，大幅提高器件设计自由度，但会对晶体造成损伤，需要进一步进行高温退火消除损伤，同时对掺杂原子进行激活[18]。

表17-6　金刚石半导体掺杂主要方法和现状[18,19]

掺杂类型	p型掺杂	n型掺杂
掺杂元素	硼（B）等受主元素	Ⅰ族元素（Li、Na） Ⅴ族元素（N、P、As、Sb） Ⅵ族元素（O、S、Se、Te）等施主元素
现状	在高掺杂低阻和厚层外延两方面实现了关键技术突破并趋于成熟	是金刚石半导体难题，目前掺杂浓度可达$10^{20}/cm^3$
掺杂方法	CVD法、离子注入法	CVD法、离子注入法

目前来说，金刚石半导体的p型掺杂较为成熟，主要以硼（B）掺杂为主，而n型掺杂则是一件困难的工作，研究者的注意力集中在磷掺杂、氮掺杂和硫掺杂等方面。除此之外，多元素的双掺或三掺以及NaN_3、h-BN、FeS、NiS、Mn_3P_2等化合物的掺杂也正在试验中[11]。

17.4　能力很强但为何鲜见应用

目前来说，金刚石在半导体中既可以充当衬底，也可以充当外延（在经切、磨、抛等加工后的单晶衬底上生长一层新单晶的过程），单晶和多晶也有不同用途。

在 CVD 生长技术、马赛克拼接技术、同质外延生长技术、异质外延生长技术的推动下，大尺寸单晶金刚石（SCD）的制备逐渐走向成熟[20]。采用 HTHP 法制备的单晶金刚石直径已达 20mm；采用 CVD 法同质外延生长的独立单晶薄片最大尺寸可达 1 英寸；采用马赛克拼接技术生长的金刚石晶圆可达 2 英寸[21]；采用金刚石异质外延技术生长的晶圆也已达到 4～8 英寸。除此之外，金刚石还会充当导热衬底，如金刚石基 GaN 晶圆已达 8 英寸[14]。

不仅如此，在器件应用上，金刚石的应用体系又与硅基半导体相兼容[22]。然而，在如此有利的条件和众多突破下，行业似乎仍然没有拿得出手的产品，问题到底出现在哪里呢？

17.4.1　掺杂是拦路虎

目前来说，金刚石半导体的 p 型掺杂已经比较成熟，但 n 型掺杂依旧有许多问题远未解决，n 型掺杂元素在金刚石中具有高电离能，很难找到合适的施主元素。

n 型掺杂中，含氮（N）金刚石电阻率较高[23]；硫（S）在金刚石中溶解度很低，薄膜质量不高，有较多非晶相；磷（P）是应用最为广泛也是公认最有潜力的掺杂元素，但金刚石中氢原子会钝化磷原子，抑制磷原子电离，致使电阻率高[24]。不过，n 型掺杂已取得很大进展，还有一些研究发现，硼氮协同掺杂所获得的金刚石大单晶电导率比单一硼掺杂金刚石提高了 10～100 倍[25]。

反观同属第四代半导体材料的氮化铝（AlN）和氧化镓（Ga_2O_3），同样拥有掺杂的困境：如氮化铝（AlN）的 n 型掺杂已实现，p 型掺杂却只停留在理论阶段；氧化镓（Ga_2O_3）暂时无法实现稳定的 p 型掺杂[26]。

17.4.2　造芯的讲究多

集成电路的制造包括许多单项工艺，它们对材料都有一些特殊的要求，与此同时，各项工艺还会存在相容性的问题。不得不说，从金刚石到晶圆再到芯片的路上，充满了困难，逐一解决这些问题会是一个漫长的研究过程。

例如在金刚石双面点状掺杂形成 PN 节[27]；利用表面转移掺杂来制造金刚石 FET，使金刚石 FET 的设计和制造不同于标准器件[28]。另外，金刚石的氧化物为气体，没有适合于器件应用的固态本征氧化物，这为一些器件（如MOS）的设计和制作带来困难，在光刻掩膜等工艺上也有诸多不便[29]。

虽然几十年间，研究者们已经攻破诸多难题，但当金刚石真正进入产业链时，其最终产品是否能够经受住考验，谁都无法说清楚。

17.4.3 尺寸和成本是关键

首先，晶圆尺寸越大，可生产的芯片就越多，金刚石也是同样道理，只有大尺寸晶圆才能引领商业化的未来。但就目前来说，金刚石大尺寸衬底材料缺乏，且普遍采用异质外延衬底、衬底拼接等方法得到的大尺寸外延材料内部缺陷过多，以CVD掺氮金刚石为例，目前尺寸为6mm×7mm的金刚石单晶薄片位错密度可低至400/cm^2，但4～8英寸的金刚石异质外延晶圆位错密度接近107/cm$^{2[21]}$。

其次，想让金刚石进入产业链，其价格就要足够低。与硅相比，碳化硅（SiC）的价格是硅的30～40倍，氮化镓（GaN）的价格是硅的650～1300倍，而用于半导体研究的合成金刚石材料价格几乎是硅的10000倍。以这种价格来看，即使它能够有效提高芯片的功效，TCO（总拥有成本）也会被高材料成本淹没[28]。

既然如此困难，是否意味着只能放弃呢？并非如此，事实上，金刚石仍然被认为是制备下一代高功率、高频、高温及低功率损耗电子器件最有希望的材料[27]，虽然目前存在一些问题，但市场仍然会接纳新事物的到来。

17.5 进入产业链的倒计时

据*MarketWatch*数据显示，全球半导体用金刚石材料市场规模在2022年达9000万美元，预计到2028年全球市场规模将达到3.653亿美元，年复合增长率为26.3%[30]。

那么迄今为止，金刚石半导体的产业化进度究竟如何了？

据果壳硬科技统计，目前美国阿克汉（Akhan）公司、英国元素六（Element Six）公司、日本NTT公司、日本产业技术综合研究所（AIST）、日本国立物质材料研究所（NIMS）、美国地球物理实验室卡耐基研究院、美国阿贡国家实验室等均在力推金刚石半导体产业化（表17-7）。其中Akhan曾计划成为世界首个真正实现金刚石半导体产业化的公司。

反观国内情况，虽已有大量研究和探索，并取得阶段性成果，但未有商业化案例。需要注意的是，国内在关键工艺设备和单晶金刚石衬底的获取上仍然缺乏自主性，同时在先进的大尺寸单晶金刚石薄膜生长工艺上也较为缺乏。

表17-7　金刚石半导体的产业化动作和标志性事件[31]

年份	研究主体	成果
2000年之前	美国阿贡国家实验室	它与创新微技术公司合作制造出金刚石微机电系统，并促进了SP₃金刚石技术等金刚石晶圆专业公司生产用于淀积金刚石晶体的CVD设备；美国初创公司Akhan半导体公司已获美国能源部阿贡国家实验室的金刚石半导体工艺授权，再结合自身在金刚石领域技术突破，计划成为首个真正实现金刚石半导体产品化的公司，其专业"Miraj金刚石平台"，通过在p型器件中掺杂磷、在n型器件中掺杂钡与锂，2016年制成p型和n型性能相当的可调电子器件，成功实现了p型和n型器件，并因此发展出金刚石CMOS（互补金属氧化物半导体）
2004年	英国元素六公司	CVD金刚石单晶合成的佼佼者，生长出5mm×5mm的大尺寸电子级单晶，杂质总含量可以控制在$5×10^{-9}$，位错密度在$10^3 \sim 10^4/cm^2$，是全球金刚石晶体管、金刚石量子通信技术和金刚石高能粒子探测器研制所需高质量单晶的主要提供者；多晶方面，已实现了电子级4英寸多晶金刚石商业化生产
2005年	日本NTT公司	研制的金刚石场效应晶体管（FET）器件在1GHz下，线性增益为10.94dB，功率附加效率为31.8%，输出功率密度达到2.1W/mm，该功率密度值是目前可见报道的最高值；已实现1GHz下1mm大栅宽器件的研制；下一步的目标是开发功率密度大于30W/mm、工作频率达到200GHz的金刚石MESFET（金属半导体场效应晶体管）
2010年	日本AIST	使用MPCVD制备出尺寸达12mm的单晶金刚石和25mm的马赛克晶片；2013年获得38.1mm金刚石片；2014年借助同质外延技术和马赛克生长技术成功获得50.8mm单晶金刚石，但其杂质和位错密度高
2012年	美国地球物理实验室卡耐基研究院	制造出无色单晶金刚石，加工后重达2.3克拉，生长速率达50μm/h，且已实现方形金刚石在6个面上同时生长，使大单晶金刚石生长成为可能
2012年	日本住友	成功开发了多种具有高热导率和独特低热膨胀系数的散热片材料，这些材料经过专门设计，可以更好地补充普通半导体材料；合成单晶钻石在5GPa和1300℃或更高的超高压和高温条件下生产出高质量的合成金刚石晶体
2017年	德国奥格斯堡大学	通过异质外延技术生产出直径92mm、155克拉的大尺寸单晶金刚石材料，为大尺寸单晶金刚石的研制提供了新的技术途径，但由于采用异质外延，导致位错密度较大
2018年	西安交通大学王宏兴教授团队	实现英寸级单晶金刚石衬底及关键设备的产业化，采用等晶面及镶嵌拼凑融合的方法形成一套大面积单晶金刚石生长的工艺规范，可生产1英寸以上单晶金刚石衬底及薄膜产品，获得采用克隆技术量产大面积单晶金刚石的整体技术
2021年	哈尔滨工业大学的韩杰才院士团队，与香港城市大学、麻省理工学院等单位合作	在金刚石单晶领域取得重大科研突破，首次通过纳米力学新方法，进行超大均匀的弹性应变调控，从根本上改变金刚石的能带结构，为实现下一代金刚石基微电子芯片提供了一种全新的方法，为弹性应变工程及单晶金刚石器件的应用提供了基础性和颠覆性解决方案
2022年	日本Adamant并木精密宝石（东京都足立区）与佐贺大学	开发出适用于量子计算机存储器的金刚石晶圆制造技术，应用该技术可制作出尺寸为之前100倍以上的晶圆，有助于实现将10亿张蓝光光盘的数据存储在1枚晶圆上的大容量化。将确立外围技术，降低制造成本，争取2023年实现晶圆的产品化

从器件应用上来讲，金刚石半导体主要应用在功率半导体方面。金刚石二极管已有p型-本征-n型二极管（PiND）、SBD、金属本征p型二极管（MiPD）和肖特基pn二极管（SPND）等具有代表性的器件（表17-8）[32]。

表17-8　金刚石二极管性能[32]

型号	器件	最大击穿电压V_{max}/kV	最大击穿场强E_{max}/（MV/cm）	最大电流I_{max}/A	最大电流密度J_{max}/（kA/cm²）
双极	PiND	＞10	3.4	＜0.100	—
	pVSBD	2.5	＞7	0.5	＞4.5
单极	VSBD	1.8	2.7	20	＞14.5
	MiPD	2.5	4.2	＜0.1	7.5
	SPND	＞0.1	3.4	＜0.1	＞60

金刚石开关器件研究始于20世纪80年代，典型开关器件包括双极结型晶体管（BJT）、金属半导体FET（MESFET）、金属氧化物半导体场效应晶体管（MOSFET）、结栅场效应管（JFET）、H-FET等（表17-9）[32]。

表17-9　金刚石开关器件性能[32]

型号	器件	V_{max}/V	E_{max}/（MV/cm）	I_{max}/mA
双极	BJT	＜50		＜1
	MESFET	2200	2.1	30
单极	MOSFET	＜50		＜1
	JFET	＞600	＞6	4500
	H-FET	2000	3.6	1300

中国正在加大金刚石半导体研发力度，作为具备颠覆性的材料，中国也将金刚石半导体列入战略性先进电子材料中。据研究，在2020年12月31日之前，金刚石在功率半导体材料领域的专利共454项，占比约5%（图17-2）[33]。

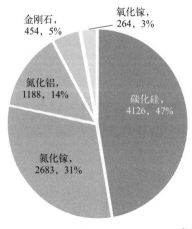

图17-2　各材料分支专利分布概况[33]

从各材料技术分支的重点研发方向上来看（表17-10），研究已聚焦到诸如器件栅极电流泄漏问题、短路问题、抗浪涌能力等细微的技术层面，相关研究数量也与氧化镓（Ga$_2$O$_3$）相齐平。

表17-10　第三代及第四代半导体重点研发方向分布情况[33]

是否为该分支重点研发方向

○ 是　✖ 否

研发方向	SiC		GaN		AlN		金刚石		Ga$_2$O$_3$	
提高击穿电压	○	1093	○	874	○	322	○	83	○	80
提高可靠性	○	521	○	342	○	117	○	25	○	13
降低成本	○	499	○	285	○	114	○	46	○	30
降低导通电阻	○	497	○	235	○	78	○	42	○	8
降低损耗	○	431	○	211	○	47	○	31	○	14
抑制电流泄漏	○	286	○	270	○	118	○	13	○	19
简化工艺	○	226	○	220	○	67	○	20	○	12
小型化	○	177	○	108	○	34	○	17	✖	2
提高开关速度	○	192	○	94	✖	19	○	18	✖	2
提高散热性能	○	118	○	90	○	61	○	31	○	5
提高载流子迁移率	○	174	○	77	✖	27	✖	12	✖	4
提高良品率	○	133	○	62	○	30	✖	5	○	6
减小反向漏电流	○	72	○	79	○	33	✖	6	○	6
减小栅极漏电	✖	20	○	90	○	49	✖	4	✖	2
高频	○	48	○	55	✖	22	✖	11	✖	2
降低导通压降	○	63	✖	41	✖	2	✖	8	✖	3
短路保护提升安全性	○	49	✖	36	✖	5	✖	1	✖	1
抗浪涌	○	47	✖	6	✖	2	✖	4	✖	1

再从专利申请的国家或地区上来看（图17-3），1990～1999年，中国专利申请较少，美国和日本两国申请量之和达到全球总量的53%；2000～2009年，中国专利申请量有了明显的提升；2010～2020年，中国成为最大专利申请国[33]。

目前，据《河南商报》不完全统计，2020年国内金刚石单晶产量约200亿克拉，产值约50亿元，平均0.3元/克拉，要知道，1965年人造金刚石的价格高于30元/克拉。不过，国内人造金刚石供应主要在磨料磨具磨削、光学、电化学传感器、污水处理等领域，这些金刚石的纯度和薄片尺寸还不足以应用于半导体。要实现金刚石半导体产业化，在实验室中研发成功后，还需要优化工艺和成本，预计还需

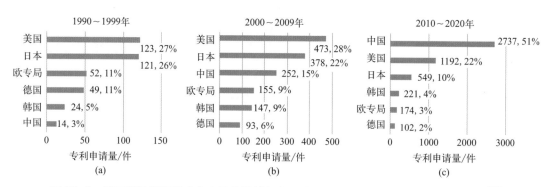

图17-3　第三代及第四代功率半导体领域各发展阶段专利申请的主要公开国家或地区[33]

10 ～ 20年研发才有可能突破[34]。

　　虽然金刚石半导体看起来似乎离进入半导体产业还很遥远，但半导体行业本身就是一个前沿领域，谁先进入，谁才可能获得技术带来的红利。

参考文献

参考文献

Approaching Frontiers
of
New Materials

第 18 章

量能器——探索微观世界的眼睛

刘 勇 吕军光 苑超辰 张华桥

人类的生存和活动离不开从环境中获取各种信息。在现代科技主导的信息社会中，各种传感器和探测器成为人类感官的延伸，其技术的进步不断推动人类对自然的认知、适应和发展。在粒子物理与核物理的研究中会用到一类特殊的探测器，它们承担着测量微观粒子能量等艰巨的任务，它们就是量能器。

18.1 量能器测量什么

量能器测量微观粒子的能量主要依赖于粒子与量能器的相互作用。从相似的原理出发，我们的眼睛类似一台小巧精密的量能器。我们周围环境的光，在微观世界是由数量庞大、能量各异的光量子组成的，这些光量子被称为"光子"。而视网膜上的感光细胞会对不同颜色敏感，颜色与光子的频率相关，后者与光子能量成正比。这些细胞会与光子发生"相互作用"，经过大脑复杂的运算可以"重建"光子的信息，使我们可以看到五彩斑斓的世界。当然眼睛能探测到的能量范围和粒子种类是十分有限的，对于高能物理实验中能量范围极大的微观粒子，我们需要研制更灵敏的量能器，才能完成精确测量。

根据微观粒子与量能器的相互作用类型不同，量能器可分为以测量电磁相互作用为主的电磁量能器和侧重于强子相互作用测量的强子量能器。对于电子和高能光子（即伽马射线），它们在量能器中会引发一系列级联反应，电子在量能器中辐射出高能光子，高能光子产生正负电子，正负电子继续辐射出高能光子，这样的电子—光子—电子级联过程，从入射的单粒子到最终形成粒子簇团的过程，通常命名为电磁簇射。我们通过将所有末态粒子簇团能量累加起来，就可以知道最初入射粒子的能量。电磁簇射与强子簇射原理如图18-1所示。

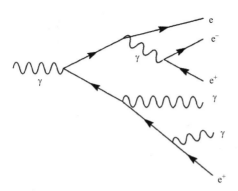
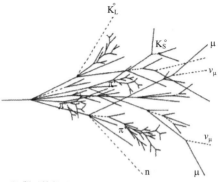

(a) 电磁簇射(光子可以产生一对正负电子，正负电子
参与的相互作用反过来也可以产生光子)

(b) 强子簇射(强子簇射既有电磁簇射的成分，这些
成分主要是光子和中性π介子，也有与原子核
反应后的介子、重子等，后者也可以继续
引发强子簇射的级联反应)

图18-1 电磁簇射与强子簇射原理

为将粒子簇射限制在比较小的空间范围内，量能器通常选择由质量密度较高的物质组成。其中一个类别是无机闪烁晶体（例如碘化铯、碘化钠、锗酸铋、钨酸铅等）整体作为探测灵敏材料，它可以将绝大部分的入射粒子能量转换为光信号，这类量能器称为全吸收型量能器。它在低能粒子能量的测量精度方面有无法取代的优势。另外一个类别是探测灵敏层与吸收层相互交替地排布，这类量能器称为取样型量能器，它只能探测簇射中的部分能量，以此为线索"重建"出入射粒子的能量。正是由于只有部分信息，能量的测量精度不如全吸收型量能器，但其造价相对更经济，并且可以在探测器极其有限的空间中实现紧凑型设计。大型强子对撞机（LHC）实验中多采用取样型量能器设计，但其中CMS实验的电磁量能器则是全吸收型设计（图18-2），以钨酸铅晶体为探测介质，它对于LHC实验发现粒子物理中最重要的希格斯粒子起到了不可替代的作用。

(a) CMS探测器截面(中间黄色部分为电磁量能器和强子量能器)

(b) CMS探测器量能器使用的晶体

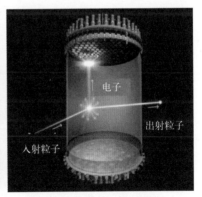

(c) 超级神冈中微子实验

(d) Xenon探测暗物质实验装置

图18-2 CMS探测器与实验装置

除电子和光子之外，还有一类参与强相互作用的粒子（即"强子"），分别称为介子（例如π介子、K介子）和重子（例如质子和中子），它们也是高能实验物理学家十分关心的粒子。相比电子和光子，通常高能强子具有更强的穿透力，仅依靠电磁量能器并不能完全限制它们，泄漏出量能器后会导致无法准确测量强子的能量，这时就需要强子量能器出马了。高能强子在量能器中会发生更复杂的强子簇射，也是一系列产生次级低能粒子的级联反应过程，但强子簇射中既有电磁簇射的部分，也有强子与原子核的相互作用所引发的级联过程，会产生种类更加丰富的末态粒子，包括只参与弱相互作用的幽灵粒子——中微子。由于强子簇射涉及的诸多物理过程均有显著的不确定性（也被称为涨落），提升强子量能器的能量测量精度是更为困难的。为有效地探测强子簇射，强子量能器在体量上会大于电磁量能器，其厚度通常可达到1m以上。强子量能器的结构通常选取高密度金属材料（如铁、铜、铅、钨等）和灵敏探测材料交替排列，类似于三明治结构，以对强子簇射的能量进行取样测量。

量能器测量粒子能量主要是依赖于粒子与物质发生相互作用，电磁量能器是以电磁相互作用为主，强子量能器是以强相互作用为主，但是，除此之外，自然界中存在的相互作用还有弱相互作用和引力相互作用。对于某些粒子物理实验来说，量能器通过弱相互作用测量微观粒子的能量，例如超级神冈中微子实验、在南极冰盖的"冰立方"超高能中微子实验、基于核电站的大亚湾中微子实验及建设中的江门中微子实验等。可以看到，利用弱相互作用探测中微子的实验，其量能器系统体量巨大，这是因为通过弱相互作用发生反应的概率极小，需要用庞大的量能器体量补偿，这也是与粒子对撞机实验中量能器系统的不同之处。

除了四种基本相互作用，是否还存在其他相互作用，也是粒子物理研究的一个重点内容。例如，在寻找暗物质的实验中，假设暗物质粒子可以与常规物质发生某种相互作用，然后利用量能器对相互作用产生的反冲核或受激辐射出的光子进行测量，如以液态惰性气体作为探测介质的直接寻找暗物质实验，包括液氙Xenon、PandaX、LUX实验与ZEPLIN实验，或利用液氩作为探测介质的DarkSide实验等。

此外，还有一类广义上的量能器，那就是用于高能宇宙线探测的量能器。与前述的量能器原理一样，聚焦于宇宙线测量的观测站，可以看作体积巨大的单层取样的量能器，地球大气层是取样型量能器的簇射介质，地面上、水下或冰下的探测器阵列是取样型量能器的敏感层，宇宙线粒子在大气层发生簇射，末态粒子被地面上的量能器阵列探测到。例如，2019年ASgamma实验观测到能量高达450TeV的伽马射线（图18-3），这是人类观察到的最高的伽马射线能量。最近，全新的高海拔宇

图18-3　ASgamma实验探测器阵列

宙线观测站（LHAASO）基于不到一年的观测数据，探测到最高能量1.4PeV的伽马射线，标志着宇宙线观测进入PeV量级的全新时代。

18.2　量能器技术的运用

量能器技术的发展和运用大幅促进了粒子物理的发展。下面我们将以LHC上CMS探测器为例详细介绍当今粒子对撞机上的量能器前沿技术。CMS探测器整体长约22m，直径约15m，重达14500t，是目前人类制造出的最重的探测器谱仪。CMS探测器由内到外主要由径迹探测器、量能器、超导磁铁线圈和缪子探测器四个部分组成，用来探测LHC上高能质子-质子对撞产生的种类繁多的带电粒子和中性粒子等末态粒子（图18-4）。其中粒子物理的高能量前沿研究最感兴趣的粒子包括电子、光子、缪子和喷注（来自高能量的胶子或夸克）等，而这些粒子均会在量能器中留下它们的部分或全部信息，因此，量能器的性能对CMS实验中几乎所有的物理成果均有重要的影响。

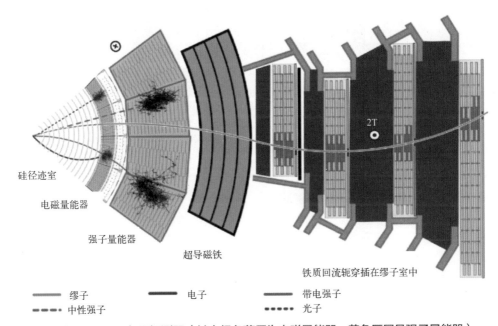

图18-4　CMS各子探测器（其中绿色薄层为电磁量能器，黄色厚层是强子量能器）

为了获取更多的数据，欧洲核子中心（CERN）计划在2027年将大型强子对撞机升级为高亮度大型强子对撞机，其亮度将提高7倍，而这对于工作在高亮度大型强子对撞机上的量能器来说将是一个严峻的挑战。为了能够在升级后的高亮度LHC运行并实现其高能量前沿的物理目标，CMS实验正在设计和建造全新的高粒度量能器。其概念设计来自21世纪初未来直线正负电子对撞机上的高精度量能器的研制，是此类全新量能器的首次大规模建造和运用。它是在不同区域分别采用硅像素传感器的取样型量能器，其中电磁量能器部分共有28层，均采用硅像素传感器作为灵敏层，以高密度金属（包括铜、钨、铅）作为吸收体；而强子量能器有22层，辐照强的部分区域采用硅像素传感器，辐照较弱的区域采用闪烁体与硅光电倍增器作为探测介质，不锈钢作为吸收体。端盖量能器整体半径为2.62m（图18-5），厚度约2m，其中硅传感器的总面积高达640m^2，闪烁体的灵敏面积也达到370m^2，总质量约400t，功耗为220kW，并需要在最高辐照通量达10^{16}个等效MeV中子/cm^{2}的CMS实验的端盖区域保持正常工作。为降低高强度辐照对探测器性能带来的影响，整个端盖量能器系统放置在−30℃的低温箱中。

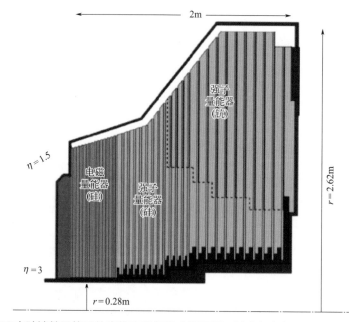

图18-5　CMS实验端盖量能器的高粒度量能器（侧视图，其中绿色部分对应硅像素传感器的量能器，蓝色部分对应塑料闪烁体−硅光电倍增器的量能器）

18.3　硅传感器

硅传感器的像素单元大小为1cm^2，闪烁体面积为10cm^{2}量级，共600多万个独立的探测器单元和电子学读出系统，每个传感器单元能够在25ns这个极短的时间窗口中精确测量沉积能量和时间。其时间测量精度能够好于50ps，位置分辨好于1mm。这一设计使高粒度量能器能够对几个GeV到TeV量级的粒子簇射信息进行精确测量，包括带电粒子、中性粒子发生簇射的三维位置、能量和时间信息，相比传统量能器，增加了纵向位置和时间两个测量维度，成为首个真正意义上的五维（5D）量能器。得益于高粒度量能器优异的性能，对希格斯粒子衰变到双光子过程的质量分辨率好于1.4%。

新增加的两个维度大幅拓展了高粒度量能器的探测性能，除增强了粒子簇射形状的探测能力，能更好地鉴别和刻度光子、电子、质子，π介子等粒子外；还能够通过μ粒子通过探测器各层留下的最小电离信号，准确地鉴别μ粒子；通过50层取样获得的簇射能量中心来重建带电粒子和中性粒子的传播方向，辅助确定对撞顶点的位置；通过检查信号到达探测器的时间差，来确定信号对撞发生的位置，或判断信号是否来自同一个对撞顶点，去除不是来自同一个对撞点的堆积事例的影响等。对高亮度LHC下的希格斯物理特别是更加依赖端盖的矢量玻色子融合产生过程、新物理等重要课题的研究，均能显著地提升其灵敏度。

国内外共有50余家科研单位参与CMS高粒度量能器的设计与建造，目前已经建立了原型机，先后在美国费米实验室、欧洲核子中心、德国DESY进行了十余次实验束测试，证明了该设计的可行性和良好的性能。明年将开展探测器的建造并最终在2027年建造、安装完毕，开始运行。中国的任务主要集中在硅传感器模块的研制、探测器性能的研究、部分电子学PCB的设计，并计划在北京和台北各建立一个硅模块中心，有望为高粒度量能器制作40%左右的硅传感器模块。

高粒度量能器是理想的粒子流量能器，结合粒子流算法，使喷注的测量精度实现很大的改善（图18-6）。而CMS实验中几乎所有的事例均包含喷注，因此有望显著改进我们通过CMS实验探测微观粒子高能量前沿的精度。同时，高粒度量能器五维信息的传输、处理，对探测器的电子学设计、粒子流算法的重建等软件算法提出了全新的要求；LHC上海量的数据和质子对撞机的特点，使传统的数据处理方式所需要的CPU时间成指数增加，从而为GPU、机器视觉、机器学习、带时间信息的粒子流算法等新工具的发展和运用提供了宽广的舞台。这一发展于未来正负电子对撞机，却首先运用于LHC质子对撞机的量能器技术，必将是未来高能量前沿量能器

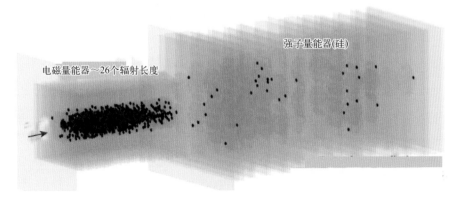

图18-6　高粒度量能器原型机中典型的电子事例展示

的重要发展方向之一。

展望

量能器技术的发展从来不是孤立的，它带动了各种新型探测材料的发展，包括高密度、强发光的闪烁晶体切伦科夫（Cherenkov）辐射体等的研制，光灵敏器件的广泛应用，例如微通道光电倍增管（MCP-PMT）、光电倍增器（SiPM）等，以及高度集成化的电子学发展，例如低功耗、大带宽、高速数据获取系统等。

应未来高能量粒子对撞机实验中精确物理测量的要求，量能器从传统量能器升级到可以测量能量位置、时间的5D高粒度量能器。量能器的未来发展，一是在造价的许可下，探测单元尽量小颗粒化；二是增强量能器的抗辐照能力；三是降低量能器的功耗，如降低光电器件及前端电子学系统的功耗，采用更先进的冷却技术等。除了量能器本身的性能，量能器的探测手段也有一定的创新发展空间，在传统基本相互作用之外，原则上还有发热和超声波过程，在其他学科这类的探测已达到极高的灵敏度，如光学精密成像（纳米级），超声位移测量也触及同一量级的精度。虽然发热和超声波过程由于传导速度的限制，目前应用于要求高响应速率的对撞机实验中并不合适，但对于某些低响应速率的探测来说，不失为一个可行的发展方向。相信随着量能器的不断发展，看似变化莫测的微观粒子世界将会对我们越来越清晰，在越来越强大的量能器帮助下，物理学家们也一定可以带给我们更多的惊喜。